探寻海洋的秘密丛书

海洋舰船

谢宇　主编

花山文艺出版社

河北·石家庄

图书在版编目（CIP）数据

海洋舰船 / 谢宇主编. -- 石家庄：花山文艺出版社，2013.6（2022.3重印）

（探寻海洋的秘密丛书）

ISBN 978-7-5511-1145-4

Ⅰ．①海… Ⅱ．①谢… Ⅲ．①军用船－青年读物②军用船－少年读物 Ⅳ．①E925.6-49

中国版本图书馆CIP数据核字(2013)第128593号

丛 书 名：探寻海洋的秘密丛书
书　　名：海洋舰船
主　　编：谢　宇

责任编辑：贺　进
封面设计：慧敏书装
美术编辑：胡彤亮
出版发行：花山文艺出版社（邮政编码：050061）
　　　　　（河北省石家庄市友谊北大街 330号）
销售热线：0311-88643221
传　　真：0311-88643234
印　　刷：北京一鑫印务有限责任公司
经　　销：新华书店
开　　本：880×1230　1/16
印　　张：10
字　　数：160千字
版　　次：2013年7月第1版
　　　　　2022年3月第2次印刷
书　　号：ISBN 978-7-5511-1145-4
定　　价：38.00元

目　录

第一艘核动力航空母舰企业号

美国"企业号"核动力航空母舰作为美国建造的世界上第一艘核动力航空母舰，它的诞生，是世界航空母舰发展史上的一次重大飞跃。该舰曾一度以排水量最大、现代化程度最高和作战能力最强而被誉为百舰之首。

第二次世界大战结束后，为了继续保持其海军优势，夺取海上控制权，实现其全球战略目标，美国海军采取了两项果敢的措施：一是淘汰一批舰龄大、吨位小、性能差的航空母舰，封存或报废大部分战列舰；二是着手设计和建造一批载机多、性能好、适应现代海战所需要的超大型航空母舰。故此，美国人于20世纪50年代相继建成了"福莱斯特号""萨拉托加号""突击者号"和"独立号"等一批"超级"航空母舰。

1957年，苏联宣布成功发射了一枚洲际导弹。为了与苏联抗衡，美国海军决定将核动力航空母舰列入1958年的造舰计划。很快，世界上第一艘核动力航空母舰"企业号"于1958年2月2日铺设龙骨，1960年9月4日下水，1961年11月25日服役。

除了人力船、风力船等非机械动力船，大多数船舶都有烟囱和进气道，"企业号"航空母舰是第一艘没有烟囱和进气道的水面军舰。

核动力装置无需进气道和烟囱，从而使整个舰内空间与外界完全隔绝，不会出现舰上的电子设备和天线受腐蚀的情况，舰载机的降落也更安全、更容易。因此"企业号"航空母舰上层建筑的外貌与常规动力航空母舰的上层建筑也有很大的不同，上层建筑的体积明显缩小，线型简洁明快，显得更为紧凑和平整，舰桥呈方柱形，布局更为合理，更加符合指挥人员和航空人员的需要，舰桥顶部的天线再也无需躲避烟囱，可以全都布置在最佳位置上，显得洁净明晰。"企业号" 舰内也听不到蒸汽锅炉鼓风机发出的令人烦恼的噪声，舱室的空调效果好，居室宽敞舒适，并设有海水淡化装置，使用淡水几乎不受限制，这些都大大激发水兵的工作热情。

"企业号"核动力航空母舰标准排水量为75700吨，满载排水量为94000吨，长342.3米，宽40.5米，吃水11.9米，飞行甲板长331.6米，宽76.8米，主机功率205.9兆瓦，最大航速35节，续航力40万海里(20节/小时)。

该舰是当时最大的军舰，即使时间过了40多个春秋，该舰仍是当今

全球最长的军舰,其舰长比巨型航空母舰"尼米兹"级超出近十米,且排水量并不小于前三艘"尼米兹"级巨舰。该舰舰员3215人(含军官171人),航空人员2480人(含军官385人),另有旗舰工作人员70人。该舰续航力相当于绕地球13周,燃料一次可使用10~13年,这在历代航空母舰中是不可想象,且无需燃料舱,从而可装载更多的飞机、弹药、装备。

在飞行甲板以下分为11层。向下第一层是下级军官集会室、舰长休息室、高级军官休息室以及军官特等舱;第二层为战斗情报中心和空战指挥中心、各种辅助舱、舰员住舱和修理设备间等;第三层设有各种办公室、修理间、电池间、理发间和小卖部等;第四层为机库甲板;第五层设有医院、军官特等舱、舰员舱、各种办公室、厨房及餐厅、柴油机舱、电站和飞行员预备舱等;第六层设有住舱、机械间、军士长厨房及餐厅、电工间、油舱、弹药舱、配电板和辅机舱等;第七至第十层为主机舱和反应堆舱;第十一层为内底水舱和油舱。整个舰体内部由1000多个舱室组成。

"企业号"航母上共有四部高性能、大能量的C13-1型弹射器,其中两部布置在舰首起飞区,两部布置在斜角甲板着舰区前方。C13-1型弹射器长94.5米,可将目前最重的舰载机以每小时170节的速度弹射起飞。倘若四部弹射器同时使用,可在一分钟内将八架飞机送上天空。

"企业号"的拦阻装置由拦阻索和应急拦阻网组成。其拦阻索装在斜角甲板的降落区内,在50厘米高度的位置上并列布置有四根直径为6.35厘米的钢质性索,可以拦住重30吨、速度为140节以上进场的飞机。拦阻网由尼龙绳制成,平时放倒,只有在应急情况下(比如飞机燃料用完或拦阻索阻拦失败时)才竖起,竖起时高约4.5米,竖起所需时间为两分钟。

该舰的主要助降装置为"菲涅耳"透镜式助降装置。"企业号"上还设置有"全天候自动着舰系统",其核心是一部AN/SPN-46精确跟踪雷达,该系统性能较好,可确保飞机在恶劣天气下着舰安全。"企业号"航空母舰共装备86架各类飞机。

"企业号"装有八座A2W型压水反应堆,其产生的蒸汽可驱动四台各为5.5兆瓦的蒸汽轮机,四轴四桨,螺旋桨直径6.4米，重29吨，动力装置总功率为205.9兆瓦。全舰的总发电量为20兆瓦，辅助电机的功率为22.06兆瓦。此外，还备有四台应急柴油发电机，总发电量可达八兆瓦。

1961年，"企业号"被派往地中海执行警戒任务，持续时间达六个月之久。1962年，它又在"古巴导弹危机"事件中参与封锁古巴的作战行动，迫使苏联撤出部署在古巴的进攻性导弹，使苏联领导人大丢其脸。1964年，"企业号"和"长滩号"及"班布里奇号"核动力导弹巡洋舰一起进行了一次环球远航训练，编队在64天共航行了32600海里，没有进行任何补给，这样的航行是史无前例的。1968年，美国"普韦布洛号"侦察船在元山海域被朝鲜截获时，"企业号"驶入日本海进行威胁，试图迫使对方屈服。1971年12月，印度入侵

巴基斯坦，支持孟加拉独立时，以"企业号"为首的八艘美舰奉命进入孟加拉湾，进行了阻止孟加拉脱离巴基斯坦而独立的活动。1986年，美国海军的"黄金峡谷"作战活动使用"珊瑚海号"航空母舰上的舰载机袭击利比亚，"企业号"进入阿拉伯海，对"珊瑚海号"给予了有效的支援。

"企业号"服役40余年来，总航程已超过百万海里，已进行过四次核燃料更换，并进行过许多次不同程度的检修和改装。1991年进行第四次核燃料更换时，又开始实施"延长服役期改装计划"，这次改装持续时间达42个月，耗资14亿美元，从而使其能够再服役15年以上。

美国小鹰级航空母舰

第二次世界大战后，为适应喷气式飞机的发展，美国人按"超级航空母舰"的概念设计建造了"福莱斯特"级航空母舰。该级舰服役后，一些因设计建造而导致的缺点日渐显露，于是，美国海军将1956年开始建造的第五艘航母进行改型设计，因其改变较大，故命名为"小鹰"级，共建四艘。该级舰是美国最后一级常规动力航母，也是世界上吨位最大的常规动力航母。其首舰于1956年12月27日开工建造，1960年5月21日下水，1961年4月29日服役。第二号舰"星座号"、第三号舰"美国号"、第四号舰"肯尼迪号"分别于1961年10月27日、1965年1月23日、1968年9月7日服役。

"小鹰号"航母的标准排水量为60100吨，满载排水量达81123吨，舰长323.6米，舰宽39.6米，吃水11.4米，其动力装置四台蒸汽轮机，最大功率205.9兆瓦，最大航速为32节，以20节航速巡航时可连续航行350小时、12000海里。飞行甲板长318.8米，宽76.8米，相当于三个半足球场那么大，载有一个航母舰载机联队，82架各型飞机，拥有四部飞机升降机和四座蒸汽弹射器，每隔30秒即可弹射四架舰载飞机升空。

"小鹰"级航空母舰沿袭了"福莱斯特"级航母的部分舰型特点，采用封闭式舰首、微凸式方尾、舰体从舰底至飞行甲板形成整体式的箱型结构，加强了舰体强度。各要害部位均有装甲防护。

该级舰共有1500个舱室，从舰底至飞行甲板有十层，舰桥为七层，共17层。最下面几层是燃料、淡水、武器弹药舱和轮机舱；第五、第六层是水兵住舱、行政办公室、仪器库和餐厅；第七、第八层是舰载机维修间和维修人员、雷达操纵人员的住舱；第九、第十层是机库、战斗值班室和飞行员餐厅。而十层以上为岛式上层建筑部分，由下而上分别为消防、医务、导弹、电梯人员住舱，工具、通讯及电气材料库，军官住舱，司令部及舰长、参谋人员、新闻人员工作室和休息室。

该级舰贮有燃油7800吨，航空汽油5882吨，航空弹药1600吨。配备有SPS-48C/E三坐标雷达，SPS-49对空雷达，SPS-10F或SPS-67对海搜索雷达，1×MK-23目标指示雷达，6×MK-95导弹火控雷达，SPN-41、42、43、44飞机进场控制雷达，

SPN-64导航雷达，SQS-23声呐。

"小鹰号"航空母舰上的工作人员多达5490人，其中包括舰员2930人（军官154人）、航空兵人员2480人（军官320人）、司令部人员70人（军官25人）。舰上配舰长和副舰长各一名，下设十个部门和一个舰载机联队。舰长为海军上校，副舰长为海军中校或上校。此外，"小鹰号"航母上还编有二名随军牧师，负责鼓舞士气。舰载飞机是航空母舰的称雄之本。"小鹰"级航空母舰共有各种飞机80～90架。

30多年来，作为美国海军的主要作战军舰，为保持良好的状态，"小鹰"级与美国海军其他航母一样，每隔一两年便要进行一次现代化维修，

每次维修大约耗时三个月。大修和改装依设备和技术发展情况而定。该级舰接受过四次较大规模的大修和改装。其中第二次改装于20世纪70年代初，改装的主要内容是加装反潜战装备，同时配备S-3A"海赋"反潜机和SH-3"海王"反潜直升机，使此舰成为兼有攻击能力和反潜能力的多用途航空母舰。第三次改装于70年代后期，主要包括用北约"海麻雀"导弹取代"小猎犬"导弹，加装"密集阵"近防武器系统，更换远程雷达，改进了海上补给能力，并对舰上机械设备进行了大修。最后一次，也是规模最大的一次改装工程是自1987年11月开始的"延长服役期改装计划"，这次改装不仅更换了某些重要的设备，而且加强了舰体，使之可延长15年的使用期。这次改装特别加装了抗导弹攻击的弹库保护系统。

自20世纪60年代服役以来，"小鹰"级航空母舰始终保持着频繁的海上活动。"美国号"在大西洋舰队服役，先后16次执行美国海军的海外部署，并和"肯尼迪号"等航空母舰一起，参加了海湾战争中的"沙漠风暴"行动。

1968、1970和1973年，"美国号"三次受命部署于东京湾，参加越南战争。1980年以前，该舰七次在地中海活动。1981年在执行第11次海外部署时，该舰首次通过苏伊士运河，将其部署范围扩大到地中海和印度洋。1986年3月24日，"美国号"航母在锡德拉湾的美利冲突中，出动A-6E攻击机中队，击沉了一艘利比亚的导弹巡逻艇，并在4月15日同"珊瑚海号"航空母舰及美国空军一起，进攻了利比亚的班加西和的黎波里两个城市中的目标。海湾战争爆发时，"美国号"被调往地中海，在闻名世界的"沙漠风暴"行动中，"美国号"同"肯尼迪号""萨拉托加号"航空母舰一起，从红海向伊拉克发动空袭。1991年1月17日1时20分，"肯尼迪号"就起飞了41架飞机，其中有十架A-7"海盗"式攻击机、六架A-6E"A侵者"攻击机、八架F-14"雄猫"战斗机、四架EA-6B"徘徊者"电子战机、一架E-2C"鹰眼"空中预警机、四架KA-6D加油机。

四艘平均造价仅为2.62亿美元的"小鹰"级航空母舰将成为跨世纪的一代主战军舰，但其改装费用昂贵。20世纪80年代末，"小鹰号"和"星座号"的延长服役期改装，单舰改装费用超过九亿美元。可以预见，经花费巨资改装后的该级航空母舰，将会进一步发挥其作用，为美国海军称霸海洋继续效力。

尼米兹级航空母舰

1991年1月14日,一件堪称地球上最大的武器——"罗斯福号"航空母舰,由东地中海通过苏伊士运河进入红海预定"战位",使美国在海湾地区集结的各类舰艇达到150艘左右,作战主力为六个航母战斗群。三天后的凌晨,以美国为首的多国部队对伊拉克发起了代号为"沙漠风暴"的空袭行动,海湾战争正式爆发。在40多天的作战中,美国海军以航母战斗群为基地,共出动飞机四万多架次,约占总数的40%,对战争胜利发挥了至关重要的作用。"罗斯福号"是当时美国海军中最新型的核动力航空母舰,它的参战引起了世人的特别关注。

"罗斯福号"属尼米兹级航母,它有三位"兄长":尼米兹级首制舰"尼米兹号",无疑是"大哥",舷号CVN-68,1975年5月服役;"二哥"为"艾森豪威尔号"(CVN-69),1977年10月服役;"三哥"为"卡尔·艾森号"(CVN-70),1982年2月编入太平洋舰队。

它们的外形尺寸、战术技术性能基本相同,以"尼米兹号"为例:全长332米,宽40.8米,吃水11.3米,标准排水量86100吨,满载排水量90944吨,载机90余架。动力装置为两座A4W/A1G型反应堆,装料一次可使用13年,续航力达80万~100万海里。

前三艘尼米兹级航母都花了七年时间才建成,每艘耗资约20亿美元。1981年,年仅38岁的小约翰·莱曼就任美国第65任海军部长,主持制定了新的海上战略,主张建立一支以15艘航母为核心、拥有600艘各型舰艇的强大海军。莱曼的计划很快得到里根总统的首肯,并在国会顺利通过。当时，美国海军只有480艘舰艇，有的航母和相当一部分战舰是第二次世界大战时的旧货。而其主要对手苏联海军却在迅速发展，舰艇总数达到1200余艘。美国海军的主要优势在于大型航母，特别是"尼米兹"级超巨型航母，但造价昂贵，制造周期长。

面对不断出现的局部战争危机和冲突，美国的三艘尼米兹级航母常常捉襟见肘。当时，第四艘尼米兹级航母——"罗斯福号"刚开始建造，按原计划，七年后才能服役。莱曼部长来到纽波特纽斯船厂，同厂长、工程师和工人们聊天，探讨让这艘"海上巨兽"提前下水的可能性。船厂组织了5000多人昼夜施工，"罗斯福号"终于在1984年10月27日——比预定工期提前18个月完工。

"罗斯福号"采用了一系列先进技术，比前三艘尼米兹级核动力航母更加现代化。第一艘尼米兹级航母，最初是作为攻击型航母设计，不具备反潜能力，后来才改装为多用途航母。而"罗斯福号"一开始就是按多用途航母设计的，配有专门的反潜设施和反潜飞机。该舰的防护能力也有显著改善，甲板和舰体全部用优质高强度合金钢制成，全舰设有2000多个防火防漏的隔舱，即使被多枚反舰导弹和鱼雷击中，仍具有很强的生存能力。"罗斯福号"安装了新研制的对空警戒雷达、导航雷达、电子对抗等电子设备，武器系统配置简洁而有效，主要有：三座MK29型八联装"海麻雀"防空导弹发射装置，四座MK15型20毫米"密集阵"近战武器系统(每分钟射速3000发)，可分别对付7000米以外和2000米以内的来袭目标。

"罗斯福号"上的舰载机联队的编成更加科学，共由十个中队组成，它们分别是：两个战斗机中队，配20架F-14A"雄猫"战斗机；两个战斗攻击机中队，配20架F/A-18"大黄蜂"战斗攻击机；两个重型攻击机中队，配20架A-6E入侵者攻击机；一个空中预警中队，配五架E-2C"鹰眼"预警机；一个电子战中队，配五架EA-6B"徘徊者"电子战飞机；两个反潜中队，配十架S-3A"北欧海盗"反潜飞机和六架SH-3H"海王"反潜直升机。平时共86架飞机，战时可增至约120架。

"罗斯福号"航母上的第八舰载机联

队的编成，被称为一种"新概念"，成为20世纪90年代美国航母舰载机联队编成的主要样式。

从外形看，"罗斯福"比以前的三艘尼米兹级航母略大些，满载排水量96386吨，比"尼米兹号"大5000吨。它的飞行甲板，相当于三个足球场的面积。从龙骨到桅顶，高达76米，相当于一幢20层的钢铁摩天大楼。作为一种武器，它的体积已接近极限的边缘。要操作它，则需近6000

人。其中，航海舰员3136人(军官155人)，舰载机联队人员2800人(军官366人)。

"罗斯福号"以其庞大的体积、机动灵活的应变力，以及活动范围广、攻击威力强的特点，在海湾战争中大显身手。从"罗斯福号"起飞的飞机，摧毁了伊拉克数十个导弹基地、石油贮存工厂等重要目标，而己方无一伤亡。它还同其他海军兵力一起，在短短四周内，击沉伊拉克舰艇57艘，重创16艘，使伊海军损失殆尽。

继"罗斯福号"之后，尼米兹级航母中又增加了"林肯号"(CVN72)、"华盛顿号"(CVN73)和"斯坦尼斯号"(CVN74)等。第七艘"斯坦尼斯号"，1990年12月开工建造，1994年3月下水，1995年12月正式服役。第八艘称"杜鲁门号"(CVN-75)，1996年3月下水，1997年12月正式服役。第九艘定名为"里根号"(CVN-76)，2001年下水试航。最后一艘尼米兹级航母(CVN-77)于2003年开工建造，2008年服役。第十艘尼米兹航母采用大量新技术新材料，把"隐身"作为重点，进一步提高自动化程度，舰员减少450名，成为"灵巧航母"。与此同时，一种代号CVNX的新一代航母也在设计中，首舰计划于2006年开工建造，2013年服役，将取代第一艘核动力航母"企业号"。

在舰载机方面，新研制的F/A-18E/F"超大黄蜂"战斗/攻击机，从2001年开始配备尼米兹级航母，逐步补充并最终替代现役的F/A-18C/D和F-14。在21世纪初叶，美国作为世界上唯一的超级大国，将主要依靠8~10艘尼米兹级航母称霸世界海洋，大型核动力航空母舰仍将是美国海军远洋作战编队的核心。

俄罗斯库兹涅佐夫号航空母舰

苏联解体后，其海军的主力舰几乎全部易帜为俄罗斯海军舰艇。然而，俄罗斯建立了自己的海军后，不仅没有建造新的航空母舰，反而对已有的航空母舰停建的停建、退役的退役、出卖的出卖、解体的解体。现在，俄罗斯海军的圣安得列旗下，只剩下唯一的一艘航空母舰——"库兹涅佐夫苏联海军元帅号"（以下简称"库兹涅佐夫"）航空母舰。

1990年，一艘新的大型航空母舰在黑海尼古拉耶夫第444船厂交付苏联海军，舰尾上标出金色的舰名"第比利斯号"。1990年10月4日，苏联海军改"第比利斯"为"库兹涅佐夫号"。

"库兹涅佐夫号"航空母舰于1985年12月下水，1989年9月开始海上试航，经过16个月的黑海试验后，于1991年1月正式服役。在"库

兹涅佐夫号"下水的同时，该级的第二艘"瓦良格号"（曾名"里加号"）开工建造。接着，该级舰的第三艘"乌里扬诺夫斯克号"又于1988年动工建造。

"库兹涅佐夫号"航母在吨位上已经接近美国最初的几型现代航空母舰，如"福莱斯特"级和"小鹰"级等，但从战术意图上讲，"库兹涅佐夫"级基本上是一种防卫型舰艇。在设计思想上，"库兹涅佐夫号"航母更强调机舰协同，它不仅是飞机运载支援平台，也是一个作战平台。同时，该舰利用本国的技术优势，采用了利用滑撬式甲板实现高性能飞机滑跃起飞的独特方式，开创了舰载机舰上起降的新途径，使该舰成为世界上第一艘无需弹射就能使常规起降飞机升空的航空母舰。

该舰长302米，宽69米，满载

排水量67000吨，蒸汽轮机推进，总功率达147兆瓦，四轴四桨，航速30节，舰员2100名。其外形布局与美国航空母舰相似，舰上设有斜直两条飞行甲板，斜甲板长205米、宽23米，与舰体轴线成七度夹角。斜甲板通常用于降落，其中后部设有四道阻拦索和辅助回收装置，但因该甲板较长，也常用于起飞苏-27这样的较重型飞机。直甲板专门用于飞机起飞，长105米，首部呈12度上翘，斜坡部分长60米，由于采用滑跃起飞而不用弹射器，不仅避免了飞机特设技术上的复杂性，减轻了载舰和飞机的负担，使舰艇有效负载能力增大，而且安全性好。该舰飞行甲板上绘有九个供直升机着舰的白色标志圈，后部还有一个标有"M"的大圈供雅克-38着舰使用，这个区域甲板表面铺设耐高温材料，以经受高温气流的侵蚀。

右舷舰岛的前后各设一台20×15米、载重量为35吨～40吨的舷侧升降机。舰中前部左右两个燃气导板之间还有一部13×4米的轻型升降机。

飞行甲板下的机库长约170米、宽约35米、高7.5米，可容纳苏-27K与米格-29K战斗机、雅克-38垂直起降战斗攻击机、卡-27反潜或导弹中继制导直升机共约40架。

"库兹涅佐夫"航空母舰的武器空前强大，有任何国家航空母舰所不能比拟的强大武器系统，真是武装到

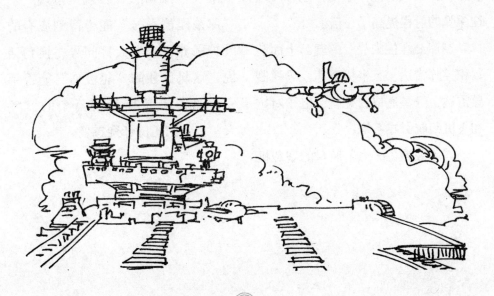

了牙齿的地步。

在反舰武器方面，有舰首部飞行甲板下隐蔽装有12具SS-N-19舰舰导弹垂直发射装置，该导弹可通过卫星接收目标信息进行超视距攻击，对大中型舰艇具有很大的杀伤力。

在防空武器方面，该舰拥有由舰空导弹、弹炮结合近防系统和速射炮近防系统组成的三道防空反导火力网，共有256个导弹发射单元，其中SA-N-9导弹92个，SA-N-11导弹64个，另有132管30毫米炮，能够对突破舰载机防空系统的敌飞机和导弹进行有效近距离拦截。

在反潜武器方面：该舰装备两座十联装RBU-12000型火箭深弹发射装置，其最大射程12千米，比苏联以往深弹的射程提高了一倍。

"库兹涅佐夫号"的舰岛上面装置相控阵雷达、三坐标雷达、导弹制导雷达、卫星通信、导航、电子对抗和飞机归航引导系统。

"库兹涅佐夫号"航母的舰载机也较为先进，可搭载60架飞机，这不仅在载机量方面比"基辅"级提高近一倍，而且在机种、机型方面也进入了一个新阶段。按照计划，该级舰将装备苏-27远程战斗机、米格-29近程战斗机、苏-25攻击机(训练型)、安-74预警机、雅克-141垂直短距起降飞机以及卡-27反潜直升机等，其中，苏-27K与米格-29K都是当今世界最优秀的战斗机。这些飞机无疑会大幅度提高该型舰以制空和反潜为主的综合作战能力。

近来，俄罗斯国内又时时传来不需要航空母舰的声音，军事观察家们分析，俄罗斯近年来不可能再新建航空母舰。而且，由于经济不景气，仅剩的一艘航空母舰——"库兹涅佐夫号"能否得到应有的维护保养也令人大打问号，换句话说，这只孤独的"北极熊"能否平安地度过俄罗斯经济萧条的"冬天"，人们还持怀疑态度。

法国戴高乐级核动力航空母舰

"戴高乐号"航空母舰设计建造费用为29亿美元，是法国近70年历史上耗资最多、装备最先进、指挥自动化程度最高的一艘军舰。该舰标准排水量36000吨，满载排水量39680吨，舰长261.5米，宽31.7米，吃水8.5米，飞行甲板长261.5米，宽64.4米。

"戴高乐"级航母是一艘采用弹射器和拦阻装置的传统式中型核动力航空母舰，舰首为封闭式，岛式上层建筑位于右舷，其后设有两部舷侧升降机。从上到下，全舰共有15层甲板，由纵横舱壁分成20个水密舱段，共有2200个舱室。

为了提高抗爆的能力，该级航母在结构上作了加强，并布设了装甲防护，除机库和动力装置外，全舰形成了一个堡垒式的结构、舱内保持正压，具有防核、防生物和防化学

战的能力，舰上的电气设备有抗核爆炸电磁脉冲措施，在核爆炸产生电磁脉冲后，舰内仍能保持基本的通信能力，仍能快速回收和发射一个由6～8架飞机组成的攻击波。舰体水下部分采用多层或双层结构，并增强船底板强度，使其具有抗水下爆炸的能力。全舰的关键部位均有装甲防护，弹药库、机舱等最危险的地方除在四周采用装甲防护外，为防止引起链锁式爆炸反应，还将其前后分散布置，相邻舱之间采用装甲隔壁隔开，备用弹药均放在水线以下的弹药舱中。

该级舰具有2200个舱室，分布在20个水密舱段、15层甲板中。在龙骨与飞行甲板之间，有一双层底和八层中间甲板。编制人数为1850人，其中550人为航空部门人员。

该舰的通信系统由对内通信系统和对外通信系统组成。对内通信包

括用于直观通信的扬声器、电话机、对讲机、频警器等；对外通信一般利用卫星及数据链进行，既可与陆地指挥机关通讯，又可与编队内部联系。舰上的探测系统十分齐全，其中有一部远程对空警戒雷达，一部中程对空警戒雷达，一部防空、反导弹制导雷达，两部导航雷达，一部着舰雷达，一部红外警戒，一部敌我识别器，一部电子分析仪，一部无线电指向标。

根据"阵风"飞机海军型的研制情况，法国海军决定，第一阶段（即1998～2004年间），"戴高乐号"将搭载"超级军旗"战斗机、"阿利兹"反潜巡逻机、"海豚"直升机等。第二阶段（即2004年后），将以"阵风"战斗机取代"超级军旗"战斗机。以"阵风"战斗机取代"超级军旗"战斗机后，"戴高乐"航母主要携带"阵风"战斗机、E-2C

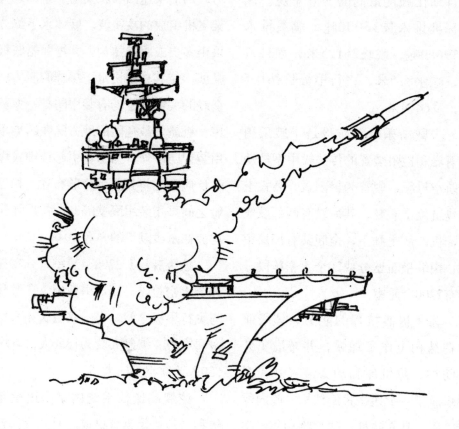

预警机和NFH-90直升机。飞机的搭配是：战斗机30～33架、预警机3～4架、直升机4～6架。

"阵风"战斗机采用多种复合材料，具有良好的隐形性能。在对海攻击时，"阵风"的外挂为两枚AM-39或AMS超音速导弹、四枚"米卡"中程拦射导弹、两枚"魔术"导弹、两个1300升副油箱、一个1700升副油箱，作战半径大于1000千米，同时具有对海对空作战能力。

"戴高乐"级航母的斜角甲板上设置了三根可供飞机正常降落时使用的拦阻索，其直径均为108毫米，可阻拦时速140节、19吨重的飞机。此外，还有一部在紧急情况下使用的拦阻网。

"戴高乐"级航空母舰的作战系统主要有两个，其一是编队作战系统，其二是本舰作战系统。这两个作战系统既互相独立，又相互联系。

编队作战系统与陆上指挥中心沟通，用于保证编队作战准备和实施攻击的顺利进行。本舰作战系统主要用于将本舰警戒系统和自动防御系统有机地结合起来，与其他海军航空兵部队自动输数据，保证对战区内的战术形势作准确判断，对空战任务进行合理分配，对威胁进行精密评估，对来袭导弹、飞机、鱼雷进行自动防御。

除了舰载飞机外，舰上装备有自动防空武器群：在右舷舰首和左舷中部有32个SAAM对空导弹垂直发射装置(航空、反弹道导弹发射井)、两座六联装"萨德拉尔"近程导弹系统、四座"萨盖"欺骗干扰发射系统、两座ARBB33型干扰发射系统、一座反鱼雷欺骗系统。可在15千米近程内对航空母舰形成软硬结合的三层反导弹保护。

英国无敌级航空母舰

20世纪80年代初，英国海军决定将全通甲板巡洋舰改称为航空母舰，于是1980年7月正式完工的"无敌号"被称为"无敌号"反潜航空母舰。

英国海军拥有三艘反潜航空母舰后，原打算将首舰"无敌号"卖给澳大利亚海军。正在谈判时，爆发了阿根廷马岛事件，"无敌号"反潜航母因此被推迟了出卖期，而作为航空母舰参加了英阿马岛之战。战争中，以"无敌号"航母与"竞技神号"航母为主的特混舰队充分发挥了作用，显示了垂直短距起降飞机与轻型航母的结合是一种有效的武器。

不过，马岛海战也看出"无敌"级航母仅搭载一种舰载机的弱点。与搭载各种飞机的大型航空母舰相比，"无敌"级综合作战能力较差，而且搭载飞机的数量也太少，致使英国在

战争期间损失了很多精良的舰艇，伤亡了不少士兵。为此，英国在战后加快了另外两艘航母的建造步伐，使该级舰的二号舰、三号舰分别于1982年6月、1985年1月服役。

该级舰的最大长度为206.3米，舰体总长192.9米，甲板宽32米，舰体宽27.5米，吃水6.4米，标准排水量19500吨，飞行甲板长168米，宽13.5米，最大航速28～30节，在航速为18节时续航力为5000海里。舰员685人，航空人员366人。

该级舰采用燃—燃联合动力装置，配以双轴双桨，四台燃汽轮机成对地布置在左右舷主机舱内，每两台主机经液压联轴节驱动一个三级减速齿轮箱，带动一个定距桨，不用停车就可实现倒车，操纵为全自动化。该级舰还配有八台1750千瓦发电机组，同时还配有五个助锅炉，以提供蒸

馏、空调、加热和炊事所需蒸汽。

"无敌"级航母的航空设施包括飞行甲板、助降设备和机库等。飞行甲板设在左舷，为有利于"海鹞"飞机的有效载荷和航程，飞行甲板首端设有跃飞跳板，其斜坡部分为27.5米，上翘角为7°，重量约55吨，而且在舰首左侧，有利于平衡右侧上层建筑的重量。"皇家方舟号"的跃飞跳板坡度增至12度，这样可使飞机比从平台面起飞增加900千克作战载荷。当然，跃飞跳板坡度也不可增加太大，否则会影响"海标枪"导弹的射界，同时还会影响舰桥视野。该舰

采用垂直短距起降飞机，加设跃飞甲板，故无需设置弹射器和拦阻索，从而大大降低了舰体重量。

英国"无敌号"航空母舰飞机控制和着舰助降设备是舰载雷达系统和一个微波助降系统。操纵飞机的甲板设备有牵机车和叉式升降机。在舰桥上层建筑前方有固定吊车，用于搬动损伤或迫降的飞机，飞行甲板周围设有服务设施和消除设备，配备有燃油软管、输电线、高压空气、蒸馏水等，它们分布在两舷走道上。

"无敌"级航母的主要武器是20架战术飞机，平时，他们全

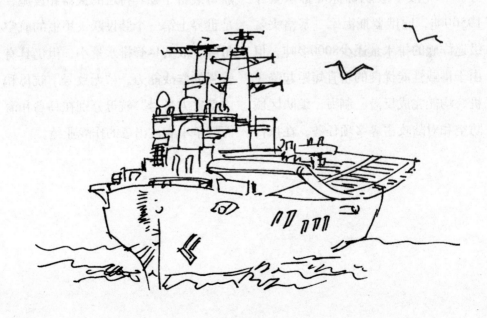

都装在机库内，战时由升降机引上甲板，其中八架用于防空和对舰的"海鹞"垂直短距起降飞机，12架用于反潜作战的"海王"反潜直升机。当然，根据战争的不同，载机种类和数量均可作调整。

此外，该级舰的舰首还有一座主要用于反导弹的双联装"海标枪"对空导弹发射装置，三座30毫米速射炮。同时，该级舰主桅装有电子支援装置，并采用ADAWS6型战斗数据自动化武器系统。

该舰的电子设备主要有六部雷达、水下探测设备和综合通信系统，能较好地完成探测、通讯与导航任务。"无敌"级航母标准排水量才19500吨，比俄罗斯海军"基洛夫"级巡洋舰的排水量还少8000多吨，但由于搭载性能优良的垂直短距起降飞机，均能完成反潜、制海、编队区域防空和对陆攻击等多项任务。在执行

反潜任务时，该级舰可综合运用舰上的九架"海王"大型反潜直升机吊放声呐和机载鱼雷进行搜潜、攻潜，为编队提供反潜保护或实施区域反潜作战。在执行制海和对陆攻击任务时，可使用九架装有空舰导弹及炸弹的"海鹞"飞机，对370千米范围内的海上、陆上目标进行攻击。在进行防空作战时，可综合运用"海鹞"飞机、舰载"海标枪"舰空导弹和"守门员"近防武器系统，分别在舰艇周围构成300千米，70千米和5千米三道防空火力网，并配以直升机预警系统和电子战系统，进一步提高舰艇对敌反舰反导弹的能力。由于"无敌"级航母装备了独具特色的武器和设施，是世界上第一个装设跃飞甲板的航空母舰，故其尽管排水量小，但仍具有较强的作战能力。"无敌号"航母和"皇家方舟号"航母分别在马岛和海湾战争中有过出色的作战业绩。

印度维兰特号航空母舰

提起"维兰特"，或许读者还不太明白，而提起"竞技神"，了解二次大战海战史或航母发展史的读者一定会略知一二。其实"维兰特号"航母原名就叫"竞技神号"。

1943年，第二次世界大战进入最激烈的海上角逐阶段，英国决定建造八艘中型航空母舰。为节省材料和经费，增加舰上空间，使之能够搭载45架飞机，英国人决定其舰体、机库和飞行甲板均不设装甲，武器也只配备较轻的机关炮。然而，由于战争很快就结束了，于是，英国人果断地取消了其中四艘的订单，有三艘建成的被称为"人马座"级。"竞技神号"是其第四号舰。1950年，停建五年的"竞技神号"再次开工，终于在1953年2月由丘吉尔夫人主持了下水典礼。

"竞技神号"下水时，正值舰载机进入喷气时代，于是，设计人员不断更改图纸，从而使"竞技神号"的舾装工作进展缓慢。到1959年11月正式建成时，已变得面目全非了。

经过长达15年漫长的建造过程，"竞技神号"与原先的设计方案已大相径庭，装备了新式的斜角飞行甲板、蒸汽弹射器、助降镜、舷侧飞机升降机和三坐标雷达，它是英国最后建成的一艘攻击型航空母舰。

1982年5月，英国和阿根廷之间爆发了马岛海战。"竞技神号"航空母舰担任了英国南大西洋特别派遣舰队司令伍德沃德的旗舰。

马岛海战后，"竞技神号"年事已高，加之"无敌"级第二艘

"卓越号"和第三艘"皇家方舟号"分别于1982年和1985年服役，英国海军决定"竞技神号"在1984年结束它的英国海军服役的历史。在英国海军决定"竞技神号"退役时，有不少人认为它将同澳大利亚海军的"墨尔本号"航空母舰一样，被送进拆船厂。但是，它的命运却出人意料，东方的印度对它感兴趣了。

英国之所以出售"竞技神号"航空母舰，是有原因的。20世纪80年代初，英国经济不振，军费困难重重，在这种情况下，英国人认为，将"竞技神号"出售，不仅可节约海军经费，而且由于"竞技神号"是1953年下水的老舰，尽管已进行过几次现代化改装，但由于改装时只换装了一些过渡性的武器装备，其舰体和动力系统已比较陈旧，所以，英国人认为，将"竞技神号"出售，还可加速海军现代化建设。1986年11月，印度海军以6000万英镑的低价格从英国购买

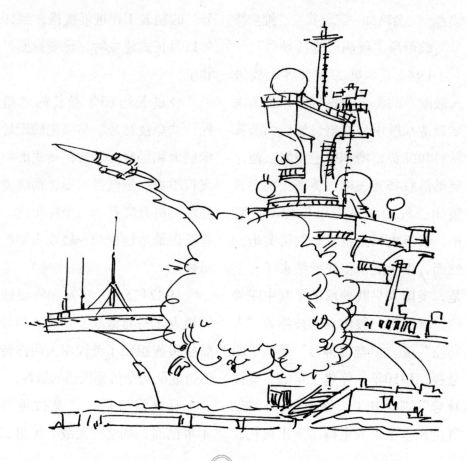

了退役的"竞技神号",接着进行了改装。1987年7月,经过多次改造的"竞技神号"易名为"维兰特号",驶向印度的孟买港。接着,印度人将其舷号改为白色的"R22号",舰体刷成浓灰色。

"维兰特号"航空母舰长230米,宽27.4米,飞行甲板宽44.1米,吃水8.5米,标准排水量23900吨,满载排水量28700吨,主机为两台燃汽轮机,双轴,55.89兆瓦,航速28节,最大续航力5000海里。

该舰设有司令指挥舰桥、舰长指挥舰桥、飞行指挥塔、中心控制室。舰内布置有军官住舱、工程师办公室、士兵住舱。此外,还有军官餐厅、士兵餐厅、蔬菜烹调室、厨房、面包房、洗衣间、机械工场、木工工

场和飞机军械部等工作室、生活服务设施。

该舰可搭载12架"海鹞"战斗机和七架"海王"直升机。舰上装有双座四联装"海猫"舰对空导弹发射装置。该舰的电子设备主要有965、993对空雷达,"塔康"战术导航装置,184舰壳声呐。该舰人员编制为1350人,其中军官143人,士官和水兵1207人。在进行两栖作战时,还可载运一个陆战营约750人及其装备。

"维兰特号"加入印度海军后,同预定在90年代后期退役的"维克兰特号"一起,作为印度海军航空母舰特混舰队的核心,在印度洋上开始了新的历程,成为印度洋上作战能力最强的一支舰队的核心。

加里波第号航空母舰

意大利1969年7月建成了准航空母舰"维·维内托号"直升机航空母舰。尽管"维·维内托"具有反潜和对付敌快速舰艇的能力，且装备有九架反潜直升机，然而，它毕竟不是真正的航空母舰，且随着苏联海军舰队在地中海兵力的不断加大，意大利海军越来越感到建造真正意义的航空母舰的重要性，因而制定了"1975～1984年十年舰艇计划"，拨出1663.81亿里拉的专款。

有了1663.81亿里拉的拨款，意大利军方和意大利联合造船公司开始了其战后第一艘真正意义上的航空母舰的设计建造工作。他们决定建造具有本国特点的轻型航空母舰。不过，由于意大利是战败国，意大利人当时对外宣称是建造"载机巡洋舰"，并将这艘航空母舰命名为"加里波第号"。

在意大利军舰建造史上，"加里波第号"首次以纵向布局不对称外形出现。

该舰的岛式上层建筑显得较大，在上层建筑内设有驾驶台、飞机控制室、作战指挥室等。岛形上层建筑位于舰的右舷。舰上的两座飞机升降机也位于舰体右舷，分别设置在上层建筑的前面和后面。升降机长18米，宽十米，载重能力达15吨，可快速将飞机移到机库内或从机库提升到飞行甲板上。上层建筑中间偏后部，设置燃气轮机进排气道和烟囱，烟囱的前后设置两个舰桅，后部的主舰桅顶部平台设RAT31S型中程警戒雷达。

在岛式上层建筑的前部和后部，分别装有一座发射"毒蛇"导弹的八联装"信天翁"对空导弹发射装置。在舰体的首部两舷和尾部甲板末端各设有一座同"达多"近防火控系统相连的40毫米双管速射炮。在首部两舷各装有一座三联装反潜鱼雷发射管。此外，还在舰尾装有四具"奥托马特Ⅱ"对舰导弹发射筒。

该舰飞行甲板为强力甲板，长173.8米、宽30.14米，飞行甲板前端设有倾斜度为6°30′的跃飞甲板，用于起飞"鹞"式垂直短距起降飞机。飞行甲板上可停放六架"海王"直升机或相应数量的垂直短距起降飞机。机库设在飞行甲板以下，高约六米，相当于两层甲板的高度；长约110米，相当于舰体总长度的2/3；宽15米，总面积达1650平方米。放12架直升机或垂直短距起降飞机。机库内设有两道防火门，装有先进的灭火装置，该舰生活起居舱室全部按照意大利的标准设计和布置，舰内全部安装有空调设施，居室宽敞舒适，用具齐全。

"加里波第号"最大的特点就是舰上装备有强有力的武器系统，远程、中程和近程各种武器配备齐全，反舰、防空、反潜三种武器皆备，其火力之强甚至超过一艘巡洋舰，这在全球航母中是绝无仅有的。可以这样说，"加里波第号"航空母舰既是一座搭载众多飞机的平台，也是一艘配备强大武器的海上突击战舰，它出动时根本不需像其他军舰那样与护航舰成群结队、浩浩荡荡。

"奥托马特Ⅱ"巡航导弹发射装置是"加里波第号"航母对舰作战的主要远程防御性武器，共设四座，四个发射装置上携弹四枚，舰上弹库贮弹六枚。该导弹射程较远，

为180～200千米，具有超视界攻击能力，舰上有一套数据链，用于在导弹飞行的中间阶段内校正目标位置，并能用直升机作为真空中继站。该导弹发射时不需要精确对准目标，只要合理选择每枚导弹的飞行航迹、控制好发射时间，就能够使导弹从不同方位同时到达同一目标上空，具有饱和攻击效果。"奥托马特Ⅱ"导弹长4.46米，直径0.4米，战斗部重210千克，其弹头为半装甲式，可穿透40毫米装甲而进入敌舰体内爆炸，作战威力相当大，足以对付各种大型战舰。

该舰对空武器由两座"毒蛇"八联装导弹发射装置、三座"达多"40毫米双管速射炮和电子战系统组成。"毒蛇"导弹是一种中程对空武器，由"麻雀"导弹发展而来，导弹长3.7米，弹头重30千克，内装预成型破片，破片数约为一万片，具有较大杀伤概率。该导弹采用半主动雷达制导，最大射程为15～20千米，最近为0.5千米，速度为2.5马赫，作战高度为15～5000米，反应时间小于十秒。导弹发射架上装弹16枚，舰上弹库贮存48枚。40毫米170炮具有近发引信的特制预分裂炮编导，发射率达600发／分，最大射程12.5千米，最大射高8700米，专门用于反导弹防御，具有反应快、射速高、火力密度强和设计精度高等特点。此外，该舰还设置两座SCLAR多用途火箭发射架，设有四个电子支援装置和三个电子干扰装置，在于截取电磁发射波并对其中最危险的部分进行干扰。多用途火箭发射架使用105毫米箔条干扰火箭，发射架上共装有20管，主要用于消极干扰或照明。

该舰的反潜武器，除直升机外，还有鱼雷发射装置，两座三联装MK32鱼雷发射管可发射美制MK46鱼雷(或意大利生产的White—head A-244型鱼雷)。

与所有航空母舰一样，舰载飞机同样是"加里波第号"航空母舰的称雄之本。"加里波第号"航空母舰的载机方案分为直升机方案和垂直短距起落飞机方案两种。直升机方案将搭载18架SH-3D"海王"直升机；垂直短距起落飞机方案将搭载同样数量的AV-8BⅡ(+)垂直短距起降飞机和EH101直升机(原先搭载16架"海鹞"飞机和一架"海王"直升机)。这些都是当今十分先进的飞机，被人们称为"21世纪的作战飞机"。

"加里波第号"航空母舰的建成，标志着意大利海军正从海岸警卫队式的海军发展成为真正的蓝水海军，它所起的作用是意大利现有任何舰艇无法取代的，其拥有的作战能力和完成的作战任务也是其他任何舰艇无法替代的。

印度维克兰特号航空母舰

"维克兰特号"航空母舰原属英国"尊严"级航空母舰的首舰,原名为"大力士号"。1943年10月14日由英国维克斯－阿姆斯特朗公司开工建造,1945年9月22日下水。1946年5月,由于当时英国国内一片反对建造航空母舰的呼声,加之经济紧张,该舰在舾装工作仅完成75%时就被搁置起来。

1957年1月,印度决定购买这艘已完成大半的航空母舰,这样,余下的舾装工程重新由英国哈兰与沃尔夫有限公司完成,并根据印度人的需求进行了部分改装。1961年初航母建成,同年3月4日在印度海军服役,并易名为"维克兰特号",航号R-11。

近30年来,尽管在印度洋上未发生过大规模的海战,但是,"维克兰特号"这艘堪称印度洋第一舰的航空母舰却发挥了重要作用。20世纪70年代,该舰搭载的飞机是英国的"海鹰"战斗机和法国的"贸易风"反潜直升机,具有一定的综合空中支援能力。在1971年的第三次印巴战争中的孟加拉之战,对海军特别是海军航空兵是一次特殊的考验,印度海军在这次战争中起着决定性的作用。在东部战线,"维克兰特号"航空母舰发挥了关键作用。当时,"维克兰特号"航母上的"海鹰"战斗机和"贸易风"反潜机袭击了东巴基斯坦海港科克斯巴扎尔、吉大港、库尔纳和孟拉以及内河港巴里萨尔和纳拉扬甘杰,有力地支援了陆战,在这次战斗中,"维克兰特号"航空母舰以机动性和综合能力强,可进行有效的海空封锁等特点显示了巨大威力。这次战争中,"维克兰特号"航母不仅起到了较强的政治和战略威胁作用，而且一举洗刷了1965年印巴战争期间因其正在船厂进行大修未能参战所蒙受的耻辱。

这之后，印度海军将这艘亚洲第一的"维克兰特号"航空母舰作为显示军力的重要手段，不断出访印度洋沿岸各国港口，并在许多重大海上军事演习中充当主角，成为印度海军强大的象征。

1979年，"维克兰特号"航母进行了首次大规模改装，主要对舰艇进行全面大修，并对部分设备进行了更新。1982年，"维克兰特号"航空母舰的防空武器系统进行了更新，安装了八门由四部轻型指挥仪控制的博福

斯L-70型火炮，并安装了一部拖曳式鱼雷诱饵系统和一部海水测温仪，使航空母舰的反潜防御能力得到增强。此外，该航母还增加了一部声波直线路径分析器，从而可准确地捕捉水下信息。

为使"维克兰特号"航母作战能力更强，印度海军于1983年决定采用多用途"海鹞"飞机取代原先的"海鹰"飞机。"海鹞"飞机作为一种垂直短距起降飞机，在马岛战争中显示了较强的作战能力。1984年，"维克兰特号"航母不仅装上了"海鹞"飞机，而且安装了跃飞甲板，同时还在飞行甲板上安装了强力照明系统、着

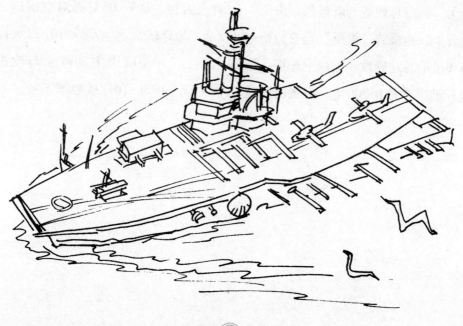

舰灯光系统和跑道对准系统，同时保留了蒸汽弹射器，使该舰同时能为常规和非常规起降的固定翼飞机提供适用的平台。

1987年，印度海军提出装备现代化和国产化的方针。在这一方针的指导下，"维克兰特号"航母于1987～1989年进行了现代改装，其目的是延长服役期，以使该舰能够服役至新的航空母舰建成之时。1990～1991年，因跃飞甲板强度不够而进行了加固，从而确保满载状况下的"海鹞"飞机安全起飞，提高了舰载机的支援能力和使用效能。

经过多次改装。现在，"维克兰特号"航空母舰成为既搭载"海王"直升机、也搭载"海鹞"垂直短距起降飞机的各功能攻击型航空母舰，该舰标准排水量16000吨，满载排水量19500吨，舰长213.4米、宽24.4米、吃水7.3米，飞行甲板长210米、宽34米，可搭载9架MK-42"海王"反潜直升机、一架"猎豹"搜索与救援直升机、六架FRSMK-51"海鹞"垂直短距起降飞机，载有七门40毫米炮(单管，右舷4门)。该舰有四座蒸汽压力为28千克/平方厘米的锅炉，温度为371度，主机采用两台蒸汽轮机，29.4兆瓦，双轴推进，最大航速24.5节。该舰能装载燃油泵200吨，以14节航速航行时续航力为1.2万海里，以23节航速航行时，续航力为6200海里。平时有舰员1075名，战时可增至1345名。电子设备有LW-08对空雷达、DA-05对海对空雷达、ZW-06导航雷达、ZW-10/11火控雷达、750型舰壳主动搜索与攻击声呐以及IPN-10作战数据系统。

泰国扎克里·纳吕贝特号
航空母舰

1997年8月，"扎克里·纳吕贝特号"航空母舰正式加入泰国海军舰队的行列，使泰国海军成为亚洲第二个拥有航母的国家，从而大大增加了泰国海军实力。

"扎克里·纳吕贝特号"航母是20世纪90年代初确定建造的。1992年3月泰国正式与西班牙巴赞造船公司签订了建造合同。

按照泰国海军的要求，该舰需设计装载能完成下列任务的飞机：平时任务包括救灾、搜索救援、应急撤离、海上执法、环保和维护国家利益；危机时，进行舰队指挥和控制，并完成对空作战、对海作战、反潜作战和飞机作业。

为了能装载完成上述任务的飞机，又要求吨位少、体积小、造价低，"扎克里·纳吕贝特号"航母的满载排水量减少到11500吨，推进装置改为双轴双桨，并增设两台8.6兆瓦的巡航柴油机，使动力系统变为燃—柴联合动力。在舰载武器方面，加装了八单元点防御导弹系统、四座近程反导火炮系统，总体武器配置接近意大利海军的"加里波弟号"航空母舰。舰载电子设备也得到全面的更新和提高。同时，"扎克里·纳吕贝特号"甲板的长度也减少了十多米，宽度则少了1.5米。不过，吨位小了，载机数量却与"阿斯图里亚斯王子号"航母相当，即可携带15架SH-3"海王"直升机和12架AV-8B"鹞"Ⅱ式垂直短距起降飞机。

该舰采用了近年来较为流行的模块造船技术，不仅减少了建造时间，而且优化了船体组合性能，降低了效费比。

"扎克里·纳吕贝特号"航空母舰总长182.6米、总宽30.5米，水线长164.1米、宽22.5米，吃水6.2米，飞行甲板长174.6米、宽30.5米，可供五架舰载直升机同时起飞或着舰。舰上拥有50～60个工作舱，99个密封舱。在内部，该舰分为三个损管区，各自由水密隔壁和防火隔断隔开。每个区有一个交流电站、消防设备和损管系统。作战情况中心、通信中心和其他作战舱室都集中在岛式上层建筑或在机库甲板和飞行甲板之间。该舰的"岛"位于中部飞行甲板右舷，桅

杆正好位于单个烟囱的前部。司令舰桥、飞行管制舰桥和雷达设备舱室也位于导航舰桥下面的"岛"内。

该舰的三坐标中程雷达天线位于导航和空中管制雷达天线上方的桅杆上。战术导航系统、全球卫星定位系统、卫星导航系统和通信天线都在主桅上，鞭状通信天线沿舰的舷侧分布。

该舰机库长100米，有15个机位。飞机支援舱位于机库的前部，两个弹药库贮弹量达100吨。主机和辅机舱位于舰的中后部，第二辅机舱位于

前损管区的前端，共有两台主机和四台辅机，主机由LM2500燃气轮机与MTU16V1163TB83柴油机配套。具有平时巡航经济、紧急加速迅速的特点。机舱同机库有一个连接通道，以便更换柴油机和燃油轮机部件。

"扎克里·纳吕贝特号"航空母舰可搭载15架SH-3"海王"直升机、12架AV-8B"鹞"Ⅱ式垂直短距起降战斗攻击机，前者可用于近海搜索、救援、空中监视、预警、反潜攻击，后者可用于空战和支援海上作战。

"扎克里·纳吕贝特号"航空母舰自身防卫体系也极完备。它装备了SPS52C(或SPS48)对空搜索雷达和SPS64对海搜索雷达，拥有两套火控雷达、一套电子干扰和抗干扰系统、一套舰艇中频主动搜索声呐。

舰载武器由速射炮和"点防御"导弹组成，其中，配备两门30毫米速射机关炮、四门"密集阵"自动炮、一座MK41LCHR8单元"海麻雀"导弹垂直发射装置。

这些防御武器经过综合，形成了近距防卫体系，由舰上作战情报中心协调指挥。

"扎克里·纳吕贝特号"航母编制舰员为455人，其中有皇家人员四名、海军航空兵人员146名、军官62人，其余为海军水兵。

作为标志泰国海军开拓东盟航母新纪元的"扎克里·纳吕贝特号"航空母舰，它的服役将有可能像催化剂一样，使得亚洲一些国家"航母热"升温，导致其他亚洲国家尽快拥有航母。

现代航母三宝的诞生

二战结束后不久，早期的航母和用商船改装的航母大量退役，少量留用的航母开始进行现代化改装试验，以适应舰载机喷气化的历史潮流，由此引发了航空母舰的技术革命，并产生了被誉为现代航母"三宝"的蒸汽弹射器、斜直式飞行甲板和助降镜。

早期的舰载机在航母上起飞，并不需要弹射器。20世纪20~40年代，航空母舰相继装备了压缩空气式、飞轮式和液压式弹射器。弹射器好像是个大弹弓，可将几吨重的飞机弹射升空。

英国皇家海军航空兵后备队司令柯林·米切尔发明了"力气"比旧式弹射器大十几倍的蒸汽弹射器。1950年，英国海军"英仙座号"航空母舰首先安装了蒸汽弹射器，在八月份进行的试验中，很轻松地将30多吨重的喷气式飞机弹射升空。此后，"英仙座号"开往美国进行弹射表演，引

起美国海军的极大兴趣。双方密切合作，使米切尔的发明进一步完善，美国人制成了性能优良的C-11型蒸汽弹射器，很快启动并在世界上各种大中型航母普遍采用。

蒸汽弹射器实际上是一种活塞行程较长的往复式蒸汽机，其基本结构是：用舰上主锅炉的蒸汽作动力，在飞行甲板上开一条七八十米长的滑槽，沿滑槽两侧卧放两个平行的汽缸，蒸汽由发射阀控制进入汽缸，推动活塞杆，活塞杆伸出曲臂，带动滑槽上的一辆小车(称往复车)，飞机即置放在小车上。发射阀可以根据飞机的重量和规定的弹射速度调节弹射推力，储备的蒸汽动力对于弹射任何新式飞机都绰绰有余。这项发明的关键在于汽缸筒开口的密封技巧。它是一种挠形金属条，曲臂随活塞杆前进时，能将它凸起，过后又会被压头压死在汽缸筒壁上，保证筒内的蒸汽不

外溢。

这种弹射器功率大、体积小，一直沿用至今。它的发明，使航母可在锚泊时弹射飞机，而此前都需在快速航行中弹射，以借风力将战机送上天空。目前，美、英等国的航空母舰上一般装有2～4部蒸汽弹射器，长度75～95米，可弹射20吨～35吨重的各种舰载机，使其时速达250～350千米，一般每分钟可弹射1～3架，紧急起飞时可多架同时弹射起飞。

航空母舰的第二项重大技术革新是斜直两段式飞行甲板的采用。1951年8月，英国皇家海军飞行局在贝德福召集会议，研制解决喷气式飞机在航空母舰上高速降落越来越难于操纵

的问题。会上有人提出：将直通式飞行甲板改造为斜直两段式飞行甲板。也就是说，飞行甲板上设两条跑道，一条直跑道，专用于起飞；一条斜跑道，专用于降落；还有一处用于停放飞机的三角区，整个飞行甲板是多边形。A——起飞区，C——降落区，B——停机区拦阻索，弹射器，升降机。

皇家海军采纳了这项建议，并于1952年2月在"凯旋号"轻型航母上进行一系列试验，获得成功。这项发明很快在美国获得推广。"中途岛号"是美国第一艘采用斜直两段式飞行甲板的大型航空母舰，其他航母也都进行了这种被称作SCB125工程的改装。美军曾在"埃塞克斯"级"安

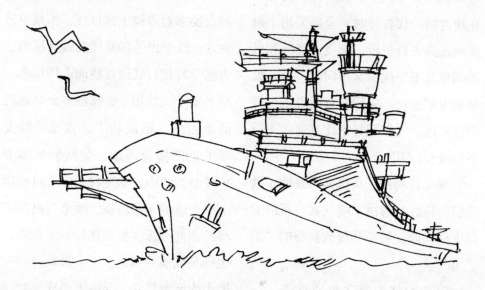

提坦号"航母上进行了400余次起降试验，证明斜直式甲板有利于安全，并使这一创新得以完善。斜直两段飞行甲板长200～330米，宽70～90米，总面积约1/4平方千米。美、英等国在建造新一代航母时，全部采用了斜直两段式飞行甲板，起飞、降落和机种调整互不干扰，又可同时进行。据美国海军统计，采用斜直两段式飞行甲板降落，飞机损坏率比直通式飞行甲板减少1/2以上。

50年代初期，英国人又发明了助降镜，较好地解决了喷气式飞机的着舰安全问题，被誉为现代航母的"第三宝"。

以前的螺旋桨飞机速度慢，一直采用人工旗语引降。但高速喷气机上舰后，其速度之快常使降落信号员和飞行员反应不过来，降落事故频频发生。

一天，英国海军中校古德哈特看到女秘书对着镜子抹口红，不禁灵感突发，琢磨出了助降镜的设计原理。古德哈特把口红涂在镜面上作标志，对着镜子试验用下颚接触办公桌面的简单方法，他成功了。古德哈特发明的助降镜原理是：光线射到镜面后反射到空中，给飞行员降落时提供一个正确的下滑坡面，如果飞机在下滑时高度合适、机翼保持水平状态，飞行员就能看到这个下滑坡面——一道大约两海里长、与海平面成3.5～4

度夹角的光柱，这样便可以安全降落。

有了助降镜，航空母舰上撤销了降落信号员，飞行员稍经训练即可昼夜在航母上降落，又快又安全。早期的助降镜装置为红色和白色两种灯。后来，美国人又对助降镜作了改进，在航母上安装了菲涅尔透镜助降装置。其先进之处在于：通过透镜射出黄、红、橙三种色的三个下滑坡面，黄光是高的下滑坡面，表示飞机飞得过高；红光是低的下滑坡面，表示飞机飞得过低；橙光是正确的下滑坡面，表示飞机下滑正确。飞行员可根据光的颜色判断飞机的位置是否正确

并及时修正，以保证降落在正确的着舰点。

20世纪70年代以来，航空母舰又换装了更先进的全天候、全自动电子助降系统，可使飞机的纵向降落误差不超过13米，横向降落误差不超过三米，半个小时内安全无误地连续回收60架舰载飞机。

第二次世界大战后的几十年中，英国皇家海军虽然没有建造和装备多少新型航母，但是，新型航母的许多关键技术，如斜直两段式甲板、蒸汽弹射器、助降镜、垂直起降舰载机等，都是英国人发明创造的，无疑应载入史册。

命运坎坷的苏俄航母

第二次世界大战期间，美、英、日等国共建造了194艘航空母舰，在战争中发挥了巨大的作战威力。战后，美国仍保留着强大的航母战斗群，英、法等国也十分重视航母的发展。

但令人奇怪的是，军事实力雄厚的苏联在第二次世界大战中没有一艘航母，战后也长期漠视被誉为"海上活动机场""海洋主宰"的航空母舰。这与苏联两位主要领导人对航母的偏见有关。

在德国入侵苏联之前，苏海军人民委员库兹涅佐夫即提出过设计航母的建议，计划建立一支包括航母在内的大型水面舰队。但斯大林对航空母舰不感兴趣，海军的计划被搁置和推迟了。

斯大林逝世以后，新上台的苏联领导人赫鲁晓夫醉心于发展导弹核武器。1956年，主张建造航母的海军元帅库兹涅佐夫被降为海军中将，并免掉了领导职务，接替他的是45岁的戈尔什科夫。

到20世纪60年代初期，苏联的主要对手美国已拥有多艘现代化大型航母，其中包括核动力航母"企业号"，而苏联海军仍属于近海防御型的"棕水海军"。1962年发生古巴导弹危机事件，在美国强大的航母舰队等优势军事实力面前，苏联屈辱地退缩，在世人面前丢了"面子"。

苏联高层领导人终于认识到，在两强对立的格局下，必须拥有强大的远洋舰队，才能与美国相抗衡。20世纪60年代中期，海军司令戈尔什科夫提出的航母建造计划获得批准。

戈尔什科夫任苏联海军司令员40年，主持发展了三代共六艘航母。第一代"莫斯科"级建造了两艘，分别称"莫斯科号""列宁格勒号"。历经十年的卧薪尝胆，苏联第二代、也是第一种中型航空母舰"基辅"级建成，于1976年编入北方舰队。该级舰先后共建造四艘，分别命名为"基辅号""明斯克号""新罗西斯克号""戈尔什科夫号"（原称"巴库号"）。它们均由安东诺夫设计局设计，尼古拉耶夫黑海造船厂出品。该级舰标准排水量32000吨，满载排水量37100吨，舰长273米，宽47.2米，动力装置为蒸汽涡轮机，总功率14万马力，最大航速32节。

基辅级航母集反潜、防空和反舰等多种功能于一身，装备有多种反舰和防空导弹，是世界上武器装载量最大的舰艇之一。在舰载机实力上，它无法与美国的大型航母相比，但亦能携带30余架作战飞机，其中，有13架垂直／短距起降飞机"雅克－38"，具有较强的空战和对地(水)面目标攻击能力；约20架直升机则主要用于侦察和反潜。以基辅级航母为核心，与导弹巡洋舰、驱逐舰等组成远洋作战编队，标志着苏联海军跨入了"蓝水海军"的行列。在局部战争和冲突中，它们无疑可起到应急和威慑作用。

为同美国争夺世界海洋霸权，苏联在20世纪80年代投入巨资，秘密进行第三代航母——大型核动力航空母舰的研制。1984年8月12日，消息灵通的英国军事杂志《简氏防务周刊》，刊登了一幅据称是由美国侦察卫星拍摄的照片。人们从照片上可以清晰地看到：一艘大型航母的舰体已经建成，它矗立在黑海边的尼古拉耶夫城的一家造船厂的船台上。1987年，这艘大型航母在严格保密的情况下试航，称"第比利斯号"。

1991年8月苏联解体，"乌里扬诺夫斯基"级核动力航空母舰，排水量达80000吨，但只完成了船壳部分，由于经费无着落，1991年11月停工，船厂将其拆毁作废钢处理……"基辅号"和"明斯克号"则卖到了中国，一艘安置在深圳，一艘停泊在天津，供人旅游参观。"莫斯科号""列宁格勒号"直升机航母和"诺沃罗西斯克号"中型航母，均作为废金属处理，先后在印度、希腊、韩国拆毁。

如今，苏联唯一的大型航母归属俄罗斯海军。茕茕孑立的"库兹涅佐夫海军元帅号"，何时能再有姐妹舰相伴？目前看来，历经坎坷的苏俄航母在20世纪已经画上了句号。大型航母历来被称作"富国的武器"。建造一艘大型航母几十亿美元（尼米兹级为40亿～50亿美元），加上舰载机和配属的舰船，一个标准的航母战斗群的造价约140亿美元。对于尚未走出经济困境的俄罗斯来说，能保持目前航母的战斗力已是很不易了。

普京任总统后，决心重振俄罗斯海军昔日雄风，着手制定新的航母发展计划。2000年底，普京批准了《俄罗斯联邦海军未来十年发展规划》，拟在若干年后建造5～6艘新型航母。看来，在21世纪，命运坎坷的俄罗斯航母还有重新崛起的希望。

一代巨舰俾斯麦号的覆灭

1941年5月27日，北大西洋海面上炮声隆隆，硝烟弥漫。一艘漆有白色符号的巨舰像一头斗红了眼的巨兽，怒吼着将一串串炮弹射向包围它的猎手们——英国皇家海军的数艘战舰。猎手们在缩小合围的同时，用绝对优势的火力将它打得遍体鳞伤。曾经不可一世的战舰在绝望的挣扎中，终于倾斜舰体，缓缓地沉入大西洋。在英国水兵的欢呼声中，满面征尘的英舰队指挥官按捺住兴奋的心情，开始起草电文：……1941年5月27日上午10时40分，"多塞特郡号"击沉德国战列舰"俾斯麦号"……

一代巨舰"俾斯麦号"沉没了，这恰似兜头一盆冷水浇在纳粹德国头子们的头上。他们万万没有想到，号称全欧洲最强大的战舰居然被英国人打沉了！尽管它装备了四座380毫米口径的重炮，尽管它漆上了那两个巨大

的，在帝国军人心目中是如此神圣的徽章……

"俾斯麦号"战列舰，1936年始建于汉堡港，1939年情人节下水试航，1940年8月24日全舰武器、人员配置齐全。经过九个月的海上训练，1941年5月19日由巡洋舰"普林斯·奥根号"引航，驶向北大西洋。不幸的是，这艘巨舰在其处女航中就被击沉了。

1941年5月19日，"俾斯麦号"在狂热的第三帝国军号声中起锚，离开波兰格丁尼亚港，由巡洋舰"普林斯·奥根号"引航，向北大西洋行进，妄图用它那四座巨炮打断英国"海上生命线"——商船队。英国海军获悉后，立即紧急部署，组成了以航空母舰"皇家方舟号"和"胜利号"为首的包括十几艘大小战舰在内的打击力量，决定给"俾斯麦号"

以迎头痛击。果然，"俾斯麦号"刚驶过丹麦海峡，便与英舰队遭遇。由于使命在身，德舰不敢恋战，企图在浓雾的掩护下溜之大吉。不料，英舰队却在先进雷达技术的帮助下紧追不舍。同时，部署在冰岛南部沿海的英战列舰"威尔士亲王号"和"胡德号"巡洋舰也向西疾驰，进行堵截。英"胜利号"航空母舰接到命令后，率"乔治五世号"战列舰加入角逐。5月24日晨5时35分"威尔士亲王号"发现德舰，立即向它开火。"俾斯麦号"用大口径舰炮进行还击，并直接命中英"胡德号"弹药舱。英船顿时爆成一个大火球，并迅速沉没，舰上1419名船员中仅三人逃生。而"俾斯麦号"则被"威尔士亲王号"击中舰首，丧失了近1000吨宝贵的燃料，船速也减少了二三节。但德舰依仗重炮和厚实的装甲杀出一条血路，逃之夭夭。随后继续它的使命，并准备驶回法国进行维修。但由于燃料的损失，

"俾斯麦号"不得不冒着与英舰队再次遭遇的危险，选择了一条笔直的航线。5月26日，一架英国侦察机发现了它，为了防止其进入德国空军的保护范围，从英航母"皇家方舟号"起飞的鱼雷轰炸机不顾一切地对"俾斯麦号"进行拦截，其中三枚鱼雷击中德舰。这一打击虽然对"俾斯麦号"舰体损害甚微，但其中一枚却击毁了它的尾舵，使德舰在风浪中行驶更为艰难，面对英舰队的合围，束手无策。

5月26日夜对"俾斯麦号"全体舰员来说是最恐怖的一夜。他们怎么也搞不清，四周哪来这么多英国人，从海里冒出来的吗？英舰队的狂轰滥炸使德舰的火控系统发生了故障。碰巧，天公不作美，强劲的西北风使德舰举步维艰。英国人真是占尽

了天时地利。"罗德尼号"和"乔治五世号"发射的355毫米和406毫米的炮弹命中德舰左舷。"诺福克号"和"多塞特郡号"又击中其右舷。这一夜火光冲天，炮声隆隆。当第二天来临时，惊恐万分的德国水兵发现他们曾引以为豪的战舰被打成一堆烂铁，指挥官不得不下令弃船。这时，"多塞特郡号"又发射三枚鱼雷，终于，在这天上午10时40分，"俾斯麦号"开始缓缓下沉，消失在硝烟弥漫的海面上……

"俾斯麦号"沉没了，悲剧性的命运也随之结束了。50年过去了，罗伯特将"俾斯麦号"在水下的情景展示给了世人，但没有人为它抛洒花环和眼泪。它成为纳粹恐怖主义的陪葬品，静静地躺在那里。它带着那肮脏的徽章，带着第三帝国称霸世界的痴梦，永远被埋葬在大西洋中。

战列舰——得克萨斯号

1944年6月6日，第二次世界大战中著名的诺曼底战役正式打响，代号"霸王"行动。凌晨3时30分，几百艘舰船悄悄汇集，准备向纳粹德国大肆吹嘘的"欧洲堡垒"发动总攻。

这些舰船中有美军的一支包括战列舰"得克萨斯号"和"阿肯色号"在内的战列舰炮击舰队，由特遣舰队司令卡尔颐·布赖恩海军少将指挥。他在"得克萨斯号"上悬挂起自己的将旗。

5时50分左右，即登陆作战发起前40分钟，"得克萨斯号"所有主炮对准杜霍克角悬崖峭壁附近的德军阵地齐射，打响了诺曼底战役的第一炮。战列舰上的356毫米口径大炮向海滩上伪装严密的德军阵地射出一排又一排炮弹。岸上阵地覆盖有两米厚的防御层，而127毫米口径舰炮则专门轰击峭壁后的加固掩体，雷霆万钧般的炮击长达半小时之久。

突击部队向海岸发起冲击前几分钟，"得克萨斯号"停止射击。突击队员登上登陆艇，这些小型快艇以极快的速度从战列舰两侧鱼贯而过，像水甲虫一样，颠簸摇摆，劈开海浪，直扑法国海岸。

"得克萨斯号"和其他美舰的炮火已将德军设在峭壁上的火炮彻底摧毁。但是，待突击队登陆以后，德军又匆忙把机关枪和迫击炮拖进钢筋水泥掩体内，对盟军登陆部队展开极为顽强的抵抗。六艘登陆艇被炮火击沉，三辆美军坦克着火燃烧。

担任炮击任务的舰船，都有专门的舰炮射击岸上观察组，并配合观察飞机，进行射击观察。"得克萨斯号"的观察飞机是一架英国"喷火"式战斗机。当突击队向前推进时，"喷火"式战斗机不断地发回现场情况报告。

德军的防御阵地包括一个布局

巧妙、纵横交错的战壕网系统。德国人打一枪换一个地方，出没无常，并派遣枪手偷偷溜到美军背后，发动奇袭。舰炮射击岸上观察组和突击队一样都受阻，难以前进，而"喷火"式观察飞机又被暂时抽去执行别的任务。

为扭转被动局面，海军少将布赖恩命令驱逐舰实施抵近火力支援。美驱逐舰"萨特利号"毫不犹豫地向前猛冲，直至离杜霍克角不到1500米处，把大量炮弹像冰雹一般射向德军碉堡。炮弹直接命中那些混凝土结构的碉堡和掩体，崖顶上的德军，一片片地倒下。

暮色降临后，盟军的夜间空中掩护并不十分理想，德军组织了几次猛烈的空袭。幸运的是，在这一夜中，"得克萨斯号"并未受到德国军舰和飞机的袭扰，整个夜里布赖恩海军少将把庞大的战列舰驾驶得像轻快灵巧的驱逐舰一样，在指定的12.883千米滩头海域上进退退退，左右回旋，不时偷偷靠上前去抵近观察，并摧毁德军目标。

天明后，美军空中掩护和观察的效果都极好，"喷火"式观察飞机通过无线电报告说，"得克萨斯号"射出26发356毫米的炮弹完全击毁德军的

四门155毫米大炮、几个机枪射击点和一个弹药库。布赖恩少将喜气洋洋，他的炮手弹无虚发，炮炮击中要害。

德军顽强的抵抗继续给突击队造成麻烦。设置在一座教堂尖塔顶上的一个德军炮兵观察站为其炮兵提供准确的方位，向美军阵地开火；一座半埋在沟涧中的碉堡把突击队死死压在一片侧翼海滩上。"得克萨斯号"冲到离碉堡不到2000米处，舰炮一个齐射，便把碉堡打掉了。美军的一艘驱逐舰抢先几秒钟向教堂尖塔炮击，第一发炮弹就把塔尖打掉了。紧接着，"得克萨斯号"又一次齐射，整座尖塔便崩塌在一团烟尘之中。

德军在海空方面相当薄弱，无力与盟军对抗，当盟军向内陆推进后，"得克萨斯号"便抽空返回英国，加紧整修补给，准备参加下一阶段盟国海上作战行动。经快速整修后，这艘战列舰被编入少将莫顿·戴约指挥的129特混舰队。

1944年6月24日，劳顿·柯林斯上将的第七军已打到设防严密的法国港口瑟堡的南郊。同一日，戴约海军少将奉命从海上向该市炮击。

戴约把舰队分成两支特混大队。192.1特混大队包括美战列舰"内华达号"、巡洋舰"塔斯卡卢萨号"和

"昆西号"、英国巡洋舰"格拉斯哥号"和"企业号",另外还有六艘美国驱逐舰。戴约海军少将的座舰为"塔斯卡卢萨号"巡洋舰。

6月25日凌晨3时30分,两支特混大队在瑟堡半岛外海会合,戴约海军少将下令对柯林斯将军指定的目标进行90分钟炮击。129.1特混大队奉命对付半岛西部海岸的德军阵地,而129.2特混大队则炮击东部海岸。炮击原计划在黎明前开始,然而在瑟堡港以西的巴夫勒尔,有一群德军的152毫米海岸炮炮台,如果不先加以摧毁,将对舰队构成威胁。特混舰队奉命暂缓进攻,等候确认那些德军大炮是否已被摧毁。11时左右,"喷火"式观察飞机穿过德军防空火力网,驾驶员以不到200米的高度低空飞越德军阵地,报告"大炮周围发现许多尸体,没有活动迹象。"布赖恩少将立即下令舰队进入阵位。舰队顺着清扫出的航道前进,直抵瑟堡港防御火力的射程之内。

在海战史上,这是海军特混舰队第一次在大白天向世界上威力最大的重型海岸炮群展开正面攻击。

这是一次力量悬殊的较量。德军孤注一掷,用岸炮与美军舰队决战,碉堡里到处都装备着各种新式的152毫米、229毫米和280毫米火炮,其射程远在"得克萨斯号"和美军舰队其他老舰舰炮射程的两倍以上。更不利的是,这一海域水雷密布,而且盟军已完全丧失了攻击的突然性。如果美舰被迫采取规避动作,庞大的舰体就会滑出扫雷区,进入未扫雷海域。除此以外,还存在遭受德军沿海舰艇和潜艇进攻的危险。

在"得克萨斯号"的带领下,美军舰队向海岸线逼近,把距离缩短到1.4万米左右。在明亮的阳光下,特混舰队暴露无遗,可是浓烟密雾却把沿岸德军炮位遮盖得严严实实。"喷火"式观察飞机未能发现目标。

中午12时37分,德军岸炮率先开火。德军的炮兵阵地是用高强度混凝土构筑的,而且建在三层相邻的平台上。炮弹在美舰前方约400米处溅起巨大的水柱,直冲天空,压过美舰50米高的桅杆,暴露在主甲板上的炮手们急忙隐蔽。在主甲板上方的控制室和观察哨里,当官兵们看见德国人的炮弹呼啸着向他们飞来时,便一起卧倒在甲板上。

美军舰队陷入了德军的火力网,其岸炮对"得克萨斯号"交叉射击。

德军炮手把"得克萨斯号"作为主要目标，集中火力狂轰，炮弹落点与军舰的距离越来越近。

但是，美军未能回击，因为他们看不到德军。"得克萨斯号"并没有停止不动，舰长只能以高超的技术，在狭窄的航道里迂回规避前进：一会儿加速，一会儿减速，一会儿急转弯，一会儿又笔直向前冲。德军的炮弹不是打近了，就是打过了头。"得克萨斯号"在德军猛烈的炮击下穿插躲闪长达七分钟之久。天空中，"喷火"式飞机的观察员们睁大眼睛，紧张搜索，力图能发现德军炮击时的闪光。舰桥上，舰长在毫无掩护的舷侧通道上，冲来冲去，观察四周浪花冲天，拔海而起的水柱，试图借此发现德军炮的方位。

突然，"喷火"式观察飞机发现了德军岸炮的闪光。很快，德军炮位测定出来了，"得克萨斯号"的356毫米大炮当即发出震撼全舰的轰鸣，双方交上火了。

一艘驱逐舰迅速插到"得克萨斯号"与德军碉堡之间，施放烟幕，"喷火"式飞机则从空中向战列舰报告弹着点，指挥射击。德军迅速作出反应，隐蔽在隧道里的加农炮被拖出来，大口径炮弹呼啸着划过天空。"得克萨斯号"有65次受到德军炮火夹击，几乎被击中，但它也越过烟幕把愤怒的炮弹一排排地泻向敌阵。

激战中"奥布桢恩号"驱逐舰被击中了，接着，"格拉斯哥号"和"昆西号"也相继中弹。"得克萨斯号"也未能幸免，德军一发229毫米口径的炮弹凿穿舰艏左舷，落到舰员住舱内，幸好没有爆炸。哑弹处理军官用衬垫把这发炮弹覆盖好，准备把它带回美国。

90分钟的炮击计划早就超过，但战果尚不能确定，激战仍在继续。一发紧靠舰艏左侧落水爆炸的炮弹激起冲天水柱，海水瀑布般地倾泻到舰上，甚至连高居军舰上方的对空观察哨也几乎被淹没，然而，落在军舰上的不仅仅是海水，要人命的弹片也像冰雹一样四处洒落，把甲板砸得叮当乱响，接着，舰桥上也中了一弹，到处弥漫着滚烫的令人窒息的黄褐色烟雾。一块飞来的弹片在离舰长仅三四十厘米处把甲板砸通一个十几厘米的参差不齐的口子。舵手身受重伤，舰船失去控制，眼看就要同"阿肯色号"相撞。舰长急忙冲向司令塔，继续控制舰船。

这场惨烈的战斗持续了近三小时，美军特混舰队才接到撤退命令。虽然戴约海军少将的舰队重创了德军的海岸炮，不过还有许多炮并没有被打哑。尽管这样，柯林斯将军还是说海军的炮击对步兵是个巨大的支援，陆军对这场战斗的结果十分满意。

6月30日，盟军占领瑟堡，此后乘胜追击，接连攻克卡昂、圣洛和阿弗朗什。随着盟军一步步向内陆挺进，盟国炮击舰队的任务便结束了，"得克萨斯号"胜利返回美国。为哀悼阵亡官兵，军舰降半旗致敬。这是这艘战列舰服役30年以来首次有人阵亡。

定远号与镇远号微型战列舰

在中国海军一百余年的历史上，最大的战斗水面舰艇是"定远号"和"镇远号"铁甲微型战列舰。它们在黄海甲午海战中，英勇杀敌，给了日本侵略者以沉重的打击，在中华民族的反侵略历史上留下悲壮的一页。

"定远"和"镇远"两舰，是中国从德国购进最早的真正铁甲舰。它满载排水量7500吨，舰长91米，宽18.3米，吃水6.1米，航速14.5节，主炮四门，350毫米口径，其他150毫米炮两门，75毫米炮两门，37毫米炮八门，鱼雷发射管三具，采用烧煤炭的蒸汽机，舰员350人。

这艘军舰装甲相当坚固，炮台装甲厚达355毫米，两舷装甲为304毫米厚铁板，甲板装甲厚度达75毫米，舰桥装甲203毫米。根据航速慢，火力强，装甲厚的特点，它应该算是微型战列舰。"定远"和"镇远"舰还有一个最大特点，舰上配备两艘小型鱼雷快艇，必要时可吊入海中向敌舰发起攻击。

一个闭关锁国的清朝政府，为何一下子能购进当时属第一流的铁甲战列舰呢？这是敌人刺激的结果，也是"海防大筹议"的产物。

从19世纪60年代开始，中国就自造军舰，也引进一些小型军舰，但十年过去了，谁也没有想到要把这些军舰编练成军。在日本强盗的不断刺激下，清朝政府才开始清醒。尤其是1874年5月，3000名日军，乘八艘破旧船，侵入台湾。胡说台湾高山族人杀死了琉球渔民，所以要发兵，要报仇。但日本人没有占到便宜，在遭到台湾人民的反击后，骑虎难下，只好以议和收场。但日本政府要中国政府赔偿日本出兵费用。战争如此了结，真是欺人太甚。清政府为何答应这个条件呢？原来从日本传来一则情报，说日本有两艘相当厉害的大兵轮，是铁甲的，中国的小兵舰无法战胜它，只好奉送白银50万两。

这场战争虽然平息了，但在国内人民和官员之中引起了震动，一个东洋小国敢在太岁头上动土，还不是凭海上实力吗？为什么中国搞了十年海军却不能成军呢？而且西方列强都在西南、西北边境地区犯扰中国，堂堂大国面临着严峻的形势，总理衙门奏请切筹海防，并拟出六项内容来整顿海防规划。

清朝政府为了集思广益，将总理衙门整顿海防的规划下发沿海各省，请军队和地方官员展开大讨论，各抒己见，但不准空谈。历史上把这次大讨论称为"海防大筹议"。

在一个月内，15个省份有数十份奏折先后送到京城。由于官员们学识和各自地域不同，意见自然不可能一致，但有一点是共同的，都同意要立即加强国防，改变军备不整，防务松弛的现状，以防列强的侵略。

在这场大讨论中，有三个人物的意见具有影响。一个是江苏巡抚丁日昌，他主张"尤以大兵轮为第一利器"，"初则购买，继则由厂自

制"。他还主张成立海军，全国划分为北洋、东洋、南洋三个舰队，各以提督统辖。另两个人物是：李鸿章、左宗棠。他们在海防与塞防上都有自己见解，李鸿章偏重海军，主张海防为先，而左宗棠较全面，主张沿海重海防，西南西北则应重塞防。争论越深入，问题越明朗，清廷作出正确决策：命左宗棠为钦差大臣，率兵收复新疆，派李鸿章督办北洋海防，命沈葆桢督办南洋海防。

总理衙门在大讨论中拿出两个组建海军方案：组建一支海军，人数为12500人，其中分五军，每军2500人，各装备两艘铁甲军舰和若干艘其他兵船。第二条是成立海军总部，统一领导各洋海军。由于经费困难，最后同意先集中财力筹办北洋水师。而且制订了一个十年规划。这在中国历史上还是第一次，这说明大讨论增强了清廷的海防观念。

李鸿章拿到一笔经费后，就到德国订购了两艘铁甲舰，这就是"定远""镇远"微型战列舰。派自己官员到德国厂里按图纸监造，保证了质量，购进了第一流的铁甲舰。

"定远"和"镇远"还没有来到中国，罗星塔下的马江就爆发中法海战。福建海军11艘军舰的残骸和700余名阵亡官兵的鲜血，再次给了清廷强烈刺激，又一次唤起"大治水师"加速海防的觉醒。李鸿章就是在这种情况下才加速北洋舰队的建设，才有后来购进的快速巡洋舰"八大远"。

"定远"和"镇远"是1885年7月3日从德国起航，经过漫长的航行，于8月1日抵达亚丁港，29日到达科伦坡，十月底开进天津大沽港，在这里换上中国龙旗，正式编入北洋舰队，成了最大的主力舰。

同时，任命右翼总兵刘步蟾兼"定远号"管带。任命左翼总兵林泰曾兼"镇远号"管带。

这就是"定远""镇远"两舰诞生的历史背景和装备的情况。

中国有了巨舰"定远""镇远号"，又购进一批轻型巡洋舰，其实力完全可以与日本匹敌。北洋水师装备更新，无疑引起一些国家的注视，最不安的要算日本。

1886年6月，日本联合舰队司令正式向中国发出邀请，要丁汝昌率领"定远""镇远"编队访问日本。

李鸿章请示了光绪皇帝，光绪帝迅速批准，指定丁汝昌率领"定远""镇远""致远""靖远""来远"五舰到日本访问。6月16日，北洋水师编队浩浩荡荡来到日本横滨。当天晚上，又在宾馆里设宴为中国海军洗尘，各管带都出席了这次宴会。就在大摆宴席、大演歌舞之际，日本联合舰队司令派出的间谍从海上、码头上多侧面的弄清了主力舰"定远""镇远号"的装备实力。

第二天，日本的一群流氓在他的指意下，向中国水兵挑衅，制造了流血事件。日本警方巡捕以调解为名，登上"定远号"和"镇远号"，其实都是间谍；进一步弄清了中国主力舰装甲情况。

"定远""镇远"访日之后，两国政府对待海军是什么态度呢？日本海军看到中国两艘战列舰之后，心里很不舒服，他们早想侵略中国，"定远"和"镇远号"的出现，成了日本侵略中国的最大障碍。于是，日本政府和海军下决心要制造更先进军舰，专门对付中国北洋水师主力舰"定远"和"镇远号"。1886年，日本政府为实施建造54艘军舰，在国内发行海军公债1700万元。此后，"严岛""松岛"等一批针对"定远""镇远"的军舰陆续下水。

日本天皇当时感到国库一下要拨巨款发展海军有困难，于是发布一道谕令，从皇家的私房开支中提取30万元以资助海军建设。天皇这一举动，使富豪巨商们深受感动，也竞相为海军捐款，从3～9月，不到半年，就集资100万元。日本海军有了这笔巨款，1889年和1892年之间，先后建起"秋津洲""吉野"等军舰，"吉野号"为当时最先进的铁甲巡洋舰。

北京清皇朝又在干些什么呢？他们满足北洋舰队有主力舰"定远"和"镇远"军舰，看家护院足以保卫津京门户。于是从1888年开始，不断减少对海军的拨款，使北洋舰队的战舰失修，更无钱改装，一晃八年毫无进展。实际已经走下坡路，从顶峰开始跌落。而日本1888年发展海军是起点，一直不松劲，它发展海军，不是为了防御，而是为了进攻，战略方针与中国完全不同。

清朝发布一道明谕：为报答"圣母"垂帘听政，"为天下忧莫"，决定将清漪园改名为颐和园，要重修，以便慈禧太后撤帘归政后在此颐养天年。皇父奕譞从中推波助澜。他是总理海军事务大臣，把海军经费与颐和园工程不明不白"合二为一"了。李鸿章当年筹款建海军的260万两银子被挪用到建颐和园。接着又从海军每年军费开支中，再扣30万两拨给颐和园工程。

就这样，原先比日本先进得多的北洋舰队，八年时间就被"老佛爷"大兴土木弄得皮包骨头，老化破旧了。一支强大的舰队就被贪官污吏、腐败透顶的朝廷扼杀得透不过气来，可悲的命运就已经注定了。

中日两个皇朝对待海军的态度，足以看出两国海军交战会是一种什么样的结果。这一历史的教训，仍然值得中国人深思。

扬帆振威的胜利号

"胜利号"战列舰是一艘木质风帆战列舰。她的名字与世界最杰出的海上战将、英国著名海军上将纳尔逊的名字紧紧地联系在一起。该战列舰1765年下水，船长57米，载重量2162吨，属当时的一级主力舰。战舰三层甲板两舷分别排列着100门"粉碎者"加农炮。这种炮炮身长、射程远，有一个后坐力滑板，炮口能升高，也可以大弧度调转，很灵活，使用的是圆形实心炮弹，用于平射海上目标。"胜利号"战列舰上的炮手勤于练习操炮技术，他们操纵的火炮射速比法国人快一倍，命中率也高。因毁船效果大，英国人的加农炮从而得外号"粉碎者"。

该战舰属于三桅帆船，矗立着三根桅杆，分别叫前桅、主桅、后桅，一根主桅的直径一米多，高30多米。四五层横帆由绳索穿起，每当升帆时，十几个强壮的士兵用力扯动绳索，一点一点地将风帆升到桅杆顶。白色的风帆被强劲的海风鼓荡起来，推动着战舰在海洋上驰骋，仿佛一团白云在蔚蓝色的海面飘动。

"胜利号"战列舰下水后，一直充任英国地中海舰队的旗舰。凯佩尔、霍特汉姆、杰维斯等地中海舰队司令官，曾在"胜利号"上指挥舰队参加了乌尚特、圣文森特角、尼罗河等战役。自从1803年5月18日，纳尔逊在朴茨茅斯港登上"胜利号"就任地中海舰队司令以后，"胜利号"战列舰更增虎威。

1803年5月，拿破仑在土伦大造战舰，集结重兵，准备攻打英伦三岛。英国政府获悉情报后，便命令海军上将纳尔逊率领地中海舰队，前去封锁土伦，以阻止法国和西班牙联合舰队进攻英吉利海峡。这时，45岁的纳尔逊身体非常虚弱，在百余次海战中，他失去一只眼、一条臂，伤痕遍体，积劳成疾。但是，他又一次欣然受命，在礼炮和欢呼声中登上"胜利号"。他坚定地表示："在法国舰队还没有被彻底歼灭之前，我绝不能倒下去。"

纳尔逊率领舰队在海上伺伏、追踪敌舰队达两年之久。

1805年9月29日，适逢纳尔逊生日。他把所有舰长们召集到"胜利号"华丽的军官舱中，在觥筹交错之际，他向部下公布了酝酿已久的对付法、西舰队的新战术。

纳尔逊的新战术是：把全部舰队分成两队，一队插入敌人舰队的中央

前卫之间，攻击敌人中央，吸引敌人大部分火力；另一支舰队则狠狠给敌人后卫以歼灭性地打击。这个新战术非常冒险，因为穿插纵队中每一艘军舰切入敌阵时都会受到被包围歼灭的威胁，所以成功的关键在于发扬勇猛攻击精神。新战术用纵列穿插打破了

双方排成横列互相用一侧舷炮射击的旧传统，充分发挥了单舰使用两舷火炮同时射击的优越性，等于伸出两个拳头击敌。纳尔逊的新战术一提出，众舰长极为振奋，同声说："只要我们抓住他们，就一定会成功！"

战机终于抓住了。法、西舰队司令维尔纳夫上将因作战不利，遭到拿破仑的撤换。在新任司令未到任之前，他于1805年10月15日贸然率领有33艘战列舰的舰队出击，想以战斗的胜利证明自己的才能。

纳尔逊率27艘战列舰迎敌。10月21日清晨，霞光从特拉法尔加海角的峭壁上弥散，英法海军决一雌雄的时刻终于来到了。"胜利号"的桅杆上挂起了"成两个纵队前进"的信号旗。纳尔逊写好遗书，身披戎装，胸佩四枚勋章来到舱面指挥作战。哈迪舰长劝他下舱，以防敌兵狙击。他拒绝道："我光荣地得到勋章，我也光荣地与它一起战死。"

英国舰队分成两支，分别由副司令柯林伍德和纳尔逊指挥，顶风接近敌人。

柯林伍德分舰队一马当先冲入敌阵后卫，交战25分钟后，纳尔逊乘"胜利号"，率三舰插入敌阵。"胜

利号"用左舷炮射击法国最大的"三叉戟号"战列舰。在激战中,"胜利号"一名观测兵发现"三叉戟"后面的双层甲板的"布森陶尔号"上面挂着总司令维尔纳夫的旗帜。

"胜利号"冒着纷飞的炮弹冲到"布森陶尔"的后方,用30.8千克(68磅)的"粉碎者"炮弹猛射它的舷窗。紧跟"胜利号"的英舰"海王星号""征服者号"也前来围攻法军旗舰。纳尔逊见"布森陶尔号"已被包围,令"胜利号"右转舵,去攻击法舰"敬畏号"。

两舰互相逼近,双方投钩手立刻把对方的战舰钩住,两国水兵都准备跳帮,进行古老的接舷战。英军用步枪射击,法军伤亡很大。在激战中,纳尔逊不幸中弹倒在甲板上。

10月21日下午4时30分,法、西舰队终于招架不住,纷纷挂起降旗。震耳的炮声静默了。悲壮的特拉法尔加大海战降下了帷幕。

一代英杰纳尔逊在得到胜利的捷报后,安然长逝。辞世前,他对"胜利号"哈迪舰长说:"感谢上帝,我总算尽了我的义务。"

后人说:"一个特拉法尔加,一个莫斯科,把不可一世的拿破仑赶下了台。"

特拉法尔加海战确立了英国海上霸主地位。

为了纪念纳尔逊的功勋,在伦敦修建了特拉法尔加广场,在广场高大圆柱的顶端,耸立着纳尔逊铸像。他的旗舰"胜利号"被陈列在朴茨茅斯。今天,人们来到这里仍能看到这艘战列舰的英姿。

最早的装甲战列舰——勇士号

1987年6月16日下午，一艘油漆一新的铁甲舰，在众多船只的簇拥下，缓缓驶入朴茨茅斯港。沉闷的汽笛吸引了人们的视线，只见这艘铁甲舰尖尖的舰首，矮矮的舰舷，甲板上高高耸立三根桅杆，舰中间两个粗大的烟囱引人注目。

原来，这是世界上第一艘名副其实的装甲战列舰"勇士号"。她已有127年的历史了。这是她一生中最后一次航行。

当火炮的发展对木质战列舰威胁越来越大时，人们便打算给战列舰蒙上一层装甲，以抗击舰炮的轰击。于是，英国海军便设计建造装甲战列舰。

1859年5月25日，"勇士号"在伦敦的布莱克沃尔开工，次年12月29日下水。海军大臣琼·帕金顿等数千人为"勇士号"举行盛大下水仪式。就在海军大臣为"勇士号"祝福，摔碎了葡萄酒瓶之后，巨大的船身竟然纹丝不动。工程人员采取了许多措施，但效果不明显，直到最后想方设法融化了因寒冷凝固的润滑油，"勇士号"才缓缓滑下平台。

第二年初春，乍暖还寒。由发动机厂送来的四台919千瓦(250马力)的发动机在运输方面又遇到麻烦。这种发动机仅一个汽缸就重达28吨，铁路、水路都无法运送，只能用专用车辆在天寒地冻的雪道上送达目的地。1861年8月8日，"勇士号"挂起三角旗，开始了历史性航程。

"勇士号"满载排水量9210吨，航速14节，帆机并用时航速可达17节。装备的舰炮有：49.9千克(110磅)炮尾装填式来复炮十门、30.8千克(68磅)炮口装填式滑膛炮26门、后甲板的18.1千克(40磅)尾装填式来复炮四门，共计40门。

建造"勇士号"时，还没有电焊

焊接钢板，装甲安装方法比较复杂。首先在14毫米舷侧铁板的外侧，横置一排254毫米麻栗树角材，其外侧再纵向放一排203毫米麻栗树角材做成衬板。接着，在其上面铺一层每块高91厘米、宽336厘米的装甲。装甲水上4.9米、水线下1.8米、共高6.7米。这种层状结构用双螺母螺栓固定在舷侧铁板上。

"勇士号"的第一代舰员共695人，首任舰长阿瑟·科克伦上校时年仅37岁，曾任1013吨护卫舰"尼日尔号"舰长。

1863年3月，为迎接被选为皇太子妃的丹麦姑娘亚历山德拉，女王派"维多利亚·阿伯特号"游艇专程前往，并令"勇士号"护航。在泰晤士河口，"勇士号"轻巧自如，令未来的皇后芳心大悦，发给"勇士号""女王很高兴"的信号。这段赞赏语被镌刻在"勇士号"舵轮上，以示纪念。同年八月，"勇士号"访问本土一些港口，受到热烈欢迎，出尽风头。

然而，好景不长，随着一些新舰陆续服役，"勇士号"遭到冷遇。由于设计不合理等原因，它多次改装。1864年，为了减轻舰首的重量，曾将第一斜桅改成7.3米，比原先缩短了2.1米。不久，由于炮尾装填炮故障不断，遂重新改换成炮口装填炮。改装后，它重新加入海峡舰队。其后，它与"王橡号"战列舰相撞，便从1869年开始只干些拖带浮动船坞之类的差事。1871年，"勇士号"退役。1875年，它应召服役，隶属波特兰警备区。1881年，它转属克莱德沿岸警备区，充任训练舰，其后在朴茨茅斯

湾担任预备舰达18年之久。1902年，它改作水雷驱逐母舰，1904年充任水雷学校训练舰。1929年，它被废物利用，担任加油浮桥角色。

"勇士号"一干就是50年。到了1978年，拉尼安加油站关闭，"勇士号"随之失业。朴茨茅斯市原市长琼·马谢尔先生是个历史学爱好者。他独具慧眼，认为"勇士号"具有很高的保存价值，稍加整修，就是一处很好的观光场所。朴茨茅斯市供人们参观的名舰除"胜利号"外，还有"玛丽·罗兹号"。"勇士号"服役以后，有60年的时间以朴茨茅斯为母港，把"勇士号"放在该市展出最合适不过。

1979年8月29日，"勇士号"被拖船拖航到英格兰北部的哈特尔普尔港，在这里进行复杂的整修。八年后，耗资530万英镑的"勇士号"整修一新。

从下水之日起，"勇士号"虽然一次也没参加过真正的海战，更没有任何可以炫耀的战绩，但作为世界上第一艘真正的装甲舰，它曾威名远扬，并被载入世界舰艇史册。

密苏里号战列舰

第二次世界大战中，各国海军参战的战列舰大约有60艘，其中约有1/3被舰载航空兵和潜艇击沉击毁，战列舰称霸海洋的时代结束了。

在日本海军袭击珍珠港之前，美国海军中"大舰巨炮制胜论"仍占主导地位。把航空母舰作为争夺制海权主要攻击武器系统的观点，是经历血与火的教训之后，才被决策层中的大多数人所接受。到珍珠港事件发生时（1941年12月7日），美国海军现役战列舰17艘、航空母舰11艘。此后，美国依靠雄厚的工业实力，大力发展航母，三年内即有120多艘各型航母及舰艇投入战争，对取得太平洋战场胜利发挥了决定性作用。

与此同时，美国也没有完全放弃新型战列舰的建造，四艘"衣阿华"级战列舰是最后一批，它们分别是"衣阿华号""新泽西号""密苏里号""威斯康星号"，相继于1942～1944年下水，服役于美海军大西洋舰队和太平洋舰队。"衣阿华"级战列舰标准排水量4.5万吨，满载排水量5.8万吨。舰长270.4米，宽33米，吃水11.6米。配九门16英寸（约406毫米）主炮。

"密苏里号"等战列舰在太平洋战场并没有十分突出的表现，但在第二次世界大战结束时，却获得了一次历史性殊荣。1945年8月15日，猖狂一时的日本法西斯被迫向盟军投降。十几天后，美太平洋舰队第三舰队司令官哈尔西四星上将的旗舰"密苏里号"和数十艘盟军舰船，浩浩荡荡开进了东京湾，停泊在横须贺附近海面。根据美国总统杜鲁门的命令，陆军五星上将麦克阿瑟为盟军最高司令，将负责主持日本投降仪式，并指挥部队占领日本。太平洋舰队兼太平洋战区司令官、海军五星上将尼米兹对此颇有微词：在对日战争中，海军出生入死，身负重任，而到了胜利时刻，却让一位陆军将领走到幕前站在中央，摘取果实。

美国海军部长向总统提出一项旨在挽回海军面子的建议：如果日本投降仪式由陆军将领主持，则仪式应在一艘美国海军军舰上举行。按照国际惯例，军用舰艇被视为国家领土的一部分。杜鲁门批准了海军部长的建议，并决定在"密苏里号"战列舰上举行这个具有重大历史意义的仪式。

哈尔西将军兴奋异常，特意向美国海军军官学校博物馆发电，借来了1853年美国军舰第一次进入东京湾时挂的美国国旗。哈尔西命令将这面国旗高悬在"密苏里号"舰艏，俯视即将签署投降书的露天甲板。

9月2日晨，太阳从浓雾中喷薄而出。伴随着《上将进行曲》，麦克阿瑟的红色将旗和尼米兹的蓝色将旗，并排悬挂在"密苏里号"主桅上。把两面五星将旗一齐升到同一根主桅上，这是海军有史以来第一次。在右舷宽敞的甲板上，摆着一张铺着绿呢桌布的大餐桌，上面放着英文和日文两份投降书。

日本外相重光葵、陆军参谋总长梅津美治郎分别代表天皇、日本政府和日军大本营在投降书上签字，麦克阿瑟和尼米兹分别代表盟军和美国签

字接受。而后代表各战胜国依次签字的有：中国陆军上将徐永昌，英国海军上将布鲁斯·弗雷泽，苏联陆军中将德里维昂柯，澳大利亚陆军上将托马斯·布来梅，加拿大陆军上校科斯格来夫，法国陆军上将列克雷克，荷兰海军上将赫尔弗里奇，新西兰空军少将伊西德。

战后，战列舰作为一个舰种日趋衰亡，特别是军舰装备导弹后，以大口径舰炮为主要武器的战列舰已难以适应现代海战的要求，纷纷退役。1958年3月，美国将最后四艘战列舰"衣阿华号""密苏里号""新泽西号"和"威斯康星号"全部封存。

1981年，新上任的美国总统罗纳德·里根为在同苏联军备竞赛中夺取优势，提出了美国历史上和平时期最大的军事建设计划，决定将海军舰艇从456艘增加到600艘。除了15支以航母为骨干的战斗群外，新任海军部长约翰·莱曼主张启封四艘战列舰，并进行现代化改装。

到1988年，"密苏里号"等战列舰全部改装完毕：原来的十座双联装127毫米火炮炮塔，拆除四座，增设八座MKl41型四联装"战斧"巡航导弹发射装置、四座四联装"渔叉"反舰导弹发射装置、四座MKl5型六管20毫米"火神"密集阵近程防御系统，另外还安装了先进的电子设备，舰尾形状作了改变，可携载四架直升机。

1991年海湾战争爆发后，由"密苏里号"和"威斯康星号"等组成的中东特遣编队，配合美国五个航母战斗群，迅速开赴战区。在代号为"沙漠风暴"的行动中，两艘战列舰向伊拉克发射了第一批"战斧"巡航导弹，并用406毫米口径主炮猛烈轰击伊军阵地。

战列舰主炮的怒吼声，似乎是想再展昔日雄风。但是，海湾战争的帷幕刚刚落下，几艘新启用的战列舰便相继告老"退休"。

1992年3月31日，是战列舰历史上难忘的一天。在礼炮号角声中，世界上最后一艘战列舰"密苏里号"，退出了美国海军现役。它幸运地没有被拆毁，有了一个永久的安身之处——洛杉矶港，将在这里向一批批前来游览的观众述说它的殊荣，述说一个舰种由辉煌到消亡的历史。

法国绿宝石号攻击型核潜艇

1994年3月30日清晨，法国海军"绿宝石号"攻击型核潜艇在法国南部土伦港至科西嘉之间的地中海海域内潜航时，后舱涡轮发电机室突然发生剧烈爆炸，正在舱内作业的艇长和九名官兵当场丧生，这是近年来法国核潜艇上发生死亡人数最多的一起重大事故。

事故发生后，"绿宝石号"核潜艇被迫中止了同其他两艘潜艇的演习，关闭核反应堆，浮出水面，使用备用的常规推进装置缓慢航行，于30日晚返回土伦海军基地。

"绿宝石号"核潜艇是法国"红宝石"级攻击型核潜艇的第四艘，同级共有六艘。这级艇是法国继发展了第一代弹道导弹核潜艇之后又发展的第一级攻击型核潜艇。它不仅充分吸收了法国发展弹道导弹核潜艇的经验教训，而且集法国造船、核能、武器、电子等诸多行业技术之精华，是法国现代科技发展的结晶，具有非常独特的性能。

"红宝石"级核潜艇长72.1米，宽7.6米，吃水6.4米，标准排水量为2385吨，水下排水量2670吨。它是目前世界上最小的实战用攻击型核潜艇。其水上航速为20节，水下航速为25节，下潜深度300米以上，自持力45天。

该级艇在设计上与"阿戈斯塔"级常规潜艇较为相似。艇体大部分采用了单壳体结构，仅首尾两端为双壳体。上层建筑同以往的法国潜艇基本相似，指挥台围壳处安装了升降装置。艇内共分为五个舱，最前面的I舱为鱼雷舱，安装有四具鱼雷发射管。紧随其后的II舱为三层，上层为中央指挥部位，中层为住舱，下层布置有蓄电池等。III舱为核动力舱。IV舱布置涡轮发电机及其他设备。最后面的V舱有核动力装置的控制室、辅助设备、主推进器和应急电机等。此次爆炸事故就发生在Ⅳ舱。

"红宝石"级核潜艇最为独特之处是其动力和系统。它采用蒸汽发生器—涡轮发电机—主电机—推进轴电力推进方式。在核动力装置上，选用一座自然循环半一体化CAP型压水堆，即将蒸发器坐到反应堆的顶上，主泵位于压力壳的两侧，使反应堆的压力壳、蒸汽发生器和主泵形成了一个统一的整体，取消一回路管道，采用自然循环压水堆。这不仅使核动力装置具有结构紧凑、系统简单、体积小、重量轻、便于安装调试、可提高

轴功率等一系列优点，而且由于采用自然循环冷却方式，自然循环能力高达39%，因此在中低速航行时可不用主泵，这有效地降低了潜艇的辐射噪音，且更加安全可靠。在主机选择上，该级艇一改其他国家核潜艇采用蒸汽轮机的做法，而选用了一台主推进电机，从而取消了采用蒸汽轮机所必备的齿轮减速装置，消除了潜艇上最大的机械噪声源。此外，通过将核动力装置安装在一个整体式的减振座上，又进一步达到了减振和消音的效果。

"红宝石"级艇的武器配备也较

强。在艇艏设有四具鱼雷发射管，可携带、发射法国海军最新型的F17线导鱼雷和L5型多用途自导鱼雷。鱼雷可在潜艇整个下潜深度范围内发射，且发射管再装填速度很快，可在短时间内对多个目标实施连续打击。同时，这四具鱼雷发射管还可发射"飞鱼"SM-39潜舰导弹。导弹可由水下隐蔽发射，而后掠海飞行，对敌舰实施突然袭击。该型导弹射程约为50千米，战斗部装药165千克，是目前世界上较为先进的反舰导弹之一。潜艇内总共可装载18枚导弹或鱼雷。一旦需执行布雷任务时，还可换载32枚各种水雷。

该级潜艇还装备有先进的声呐和火控系统。艇上的DSUV-22型综合声呐可用于远程被动搜索、警戒，引导主动攻击声呐和被动测距声呐工作，以对目标进行精确定位和具有多目标跟踪能力。沿艇体两侧安装的DUUX-5型被动测距声呐可实现全景搜索，能同时对三个辐射噪声源进行方位距离测定和目标跟踪，并能对敌舰主动声呐信号和鱼雷自导头声呐脉冲信号进行侦察，测定其频率、方位、距离。DUUA-2A/B型综合声呐站可在远程被动警戒声呐的引导下，

以主动方式精确测定目标位置，并可进行被动听测、侦察、水下通信等。通过各种探测设备获得的信息被送至火控系统进行分析处理，在屏幕上显示出目标位置和战术态势，作出威胁判断，指定攻击目标，选择合适武器，完成武器发射。

"红宝石"级核潜艇尽管在吨位、航速、自持力等方面比一般攻击型核潜艇略逊一筹，但其机动灵活、隐蔽性好，因此适合在活动空间小、海底情况复杂、声波传播条件差的海域执行各种作战任务。同时，由于其设计合理、造价低廉、工艺简单、维修方便，因此已引起不少国家海军的关注。

虽然"红宝石"级攻击型核潜艇服役后曾多次进行了远航和环球航行，并取得了令人满意的航行效果，证明其具有较好的安全可靠性，但近年来却事故频繁。1993年8月，该级首制艇"红宝石号"在土伦附近海域巡逻时，与一艘油船相撞。潜艇虽然没有重大损伤，但将油船撞开了一条五米长的裂缝，导致200万立升原油泄漏到海面上，造成的损失估计达3000万~4000万法郎。1994年3月，同级另一艘"紫石英号"在费拉角附近海域

进行训练时，撞到海底，造成潜艇底舱与首部声呐系统损坏，不得不浮出水面。这次发生的爆炸事故，不仅造成了人员的伤亡，而且事故涉及核动力装置部分，其损失和性质已远比前两次事故更为严重。这使人们不得不对核反应堆的安全系统产生怀疑，而且将再次引起核武器、核试验和核反应堆的争论。

尽管"红宝石"级核潜艇具有极强的抗震能力和较高的自动化程度，此次事故的起因也与核反应堆无直接关系，但由于其能量巨大，事故频繁，且艇体长期受到海水侵蚀和承受巨大压力，因此它给海洋和人类仍带来了潜在的危险和污染的隐患。如何提高核潜艇，乃至其他各种核设施的安全性和可靠性，增强应对意外核事故的能力，已成为摆在各有核国家面前的一个日益现实而严重的问题。

鳗鱼和海龟号潜艇

在久远的古代，人类就十分神往神秘的水下世界，曾制造过多种潜水器，对江河湖海的深处进行探索。但真正研制出具有实用价值并用于军事的潜水器，则是17～18世纪的事了。

1620年，一位长期居住在英国的荷兰人科尼利斯·德雷布尔，在伦敦公开展出了他的新发明——潜水船。据称能在水中随意沉浮，能在水下航行，一时引起很大的轰动。

他在船内设置了许多羊皮囊，当打开皮囊灌满水时，艇就下沉；将皮囊内的水挤出后，艇便上浮。德雷布尔研制这种羊皮囊，是受了鱼鳔的启示：鱼欲下潜时，便让鱼鳔内充水，而鱼鳔内的水排出后，它又可上浮了。羊皮囊的作用犹如鱼鳔。德雷布尔的潜水船内有12名水手，分作两排，靠划动木桨航行。在人们的欢呼声中，德雷布尔潜水船的航行试验获得成功。当时，这种潜水船没有任何武器，不具备实战能力，被称为"隐蔽的鳗鱼"。但是，它毕竟以无可辩驳的事实证明了水下航行的可能性，被公认为是潜艇的雏形。

过了大约100多年，一艘用于实战的潜艇诞生于北美洲，发明者叫戴维·布什内尔。他是一位从耶鲁大学毕业不久的年轻人，学生时代就迷恋于"水下旅行"，对德雷布尔的"鳗鱼"潜水船进行过深入的研究。

1776年，原隶属于英国的北美13个州宣布独立。原英军上校、弗吉尼亚种植场主乔治·华盛顿被任命为大陆军总司令，兵力约1.9万人。华盛顿率大陆军攻占了波士顿和纽约。不久，13个州的代表举行会议，于7月4日发表《独立宣言》，正式宣告美国成立。英王乔治闻讯大怒，英国议会很快通过了派遣五万军队赴北美镇压独立运动的决议。英王声言："宁可丢掉王冠，决不放弃战争！"

在英国海军上将理查德·豪的强大舰队支援下，三万余名英军在斯塔腾岛登陆，向三面临水的纽约发起猛烈进攻。固守只能导致全军覆灭，华盛顿决意弃城突围。这时最令他担心的是英国舰队，如果突围时英海军追杀上岸，美军就将腹背受敌，陷入绝境。

"有没有办法让理查德·豪的舰队后撤呢？"华盛顿和司令部的军官们商讨着突围的策略。

"报告总司令，有一位叫布什内尔的年轻人要见你，他说发明了一种能从水下进攻英舰的武器。"值班参谋的话引起了华盛顿极大兴趣。

"快请他进来，我认识这个年轻人，他的发明说不准真能用得上！"

布什内尔不仅是位才华横溢的发明家，也是一个满腔热忱的爱国者。自从独立战争爆发后，他就决心研制一种对付英国海军的新式武器。1775年，布什内尔设计了一艘单人驾驶的木壳潜艇，外形呈鹅蛋状，绰号"海龟"。他来见华盛顿，就是想用"海龟"去攻击包围纽约港的英国军舰。

华盛顿一直很关心布什内尔的试验，听说他的潜艇已经造好，十分高兴。

"你的发明非常及时，现在正是关键时刻，你会成功的！"华盛顿批准了布什内尔的请战要求。"海龟号"下潜上浮的原理与"鳗鱼"相似，底部设一个水柜，通过脚踏阀门向柜内注水，可使艇下潜六米，排出柜内的水后，艇即可上浮。"海龟"靠手摇螺旋桨驱动，时速约三海里。艇外配装一个炸药包，系放在敌舰底部后，可用定时引信引爆。

"海龟号"出击的准备工作很快完成了，但布什内尔因劳累过度，突然病倒，只好由一名陆军中士临时替代，驾驶"海龟号"可不是件轻松的事，非得身强力壮才行。

1776年9月的一个夜晚，纽约港湾风平浪静。中士驾驶"海龟号"，携带150磅的炸药包，悄悄潜往英国舰队停泊区，目标是装有64门大炮的英国战舰"鹰号"。

"海龟"顺利地潜航到"鹰号"战舰下面。中士很兴奋，使劲地摇动钻头手柄，只要能在舰底钻个孔，将炸药包系在敌舰上，待他驶离危险区后引爆，即可大功告成。出乎意料的是，"鹰号"舰底包装上了厚厚的铜皮，"海龟号"的木钻无能为力，气喘吁吁的中士十分沮丧。

时间一分一分过去，艇内的空气只能维持30分钟，中士不得不放弃攻击。"海龟号"行驶不远，便浮出水面换气，不巧被英军巡逻艇发现，径直追来。

此时，中士已经筋疲力尽，吃力地摇动螺旋桨，航速还不到2节，眼看就要被追上了。中士急中生智，放开炸药包，尔后启动点火装置。轰然一声巨响，水柱冲天而起，英军被吓得目瞪口呆："这是什么新式武器？从水底冒出来，还能发射炸药包……"他们不敢再追了，眼睁睁看着一个乌龟式的怪物潜入海底，消逝得无影无踪。

美国人拥有水下秘密武器的消息，很快在英军中传播开来。理查德·豪上将害怕军舰遭到攻击，遂下令舰队后撤十多海里，远离纽约海岸。这正中华盛顿下怀，处于险境的美军抓准战机突围成功，撤至费城方向，为此后的反击保存了有生力量。

现代潜艇鼻祖——霍兰号

在潜艇发展史上，美籍爱尔兰人约翰·霍兰占有重要地位。他于1842年出生于爱尔兰海边的一个渔村，从小向往当一名船员和海军军人，后因眼睛深度近视，不得不改变初衷，成为美国新泽西州帕特森市的中学教师。但他仍是个"海洋科技迷"，在一些著名科学家指导下，致力于当时颇为"热门"的潜艇设计。

1888年，克里夫兰任总统的美国政府公开招标设计潜艇，霍兰一举夺魁，获得美国海军的一笔经费。但在制造过程中，海军方面对这艘称为"潜水者"的潜艇提出了一些不切实际的规定，如要求潜艇在水面航行时像蒸汽战舰一样快，而且航程要远。而要做到这一点，就必须改变原来水面航行用汽油机、水下航行用蓄电池推进的设计方案，装设大功率蒸汽机，由此会带来一系列技术难题。霍兰认为，外行对技术问题不应过多

地指手画脚，按照海军划定的框框，难以造出满意的潜艇。经过几个月的艰辛劳动，设计上反反复复修改，仍无法克服蒸汽机在潜艇下潜后产生闷热、高温、行驶不稳等缺点。

"海军要什么样的，你就给他们设计什么样的，能赚到钱就行了！"有人劝霍兰。

"使用大功率蒸汽机的'潜水者'，水面航速虽然快，但在水下将是一个无用的废物。我虽然需要金钱，但更珍惜我的研究成果。"

霍兰毅然"撕毁"合同，将经费退还给海军，决定用自己的钱，独立自主地设计制造一艘像样的潜艇。

霍兰充分发挥聪明才智，于1897年在潜艇发展史上揭开了新的一页。5月17日，一艘被称作"霍兰号"的全新潜艇，在新泽西州一家船厂的船坞下水了。

"霍兰"艇首创双推进式动力

装置：水面巡航时，以45马力的汽油机为动力，航速约八节；水下航行时，则由蓄电池供电的电动机驱动，航速约五节。汽油机工作时，即同时为蓄电池充电。霍兰创立的这种"双推进式"工作原理，被常规动力潜艇一直沿用至今，"霍兰"艇被公认为现代潜艇的鼻祖。

它的战斗力也相当强：艇艏有一座鱼雷发射管，备有三枚"白头"鱼雷，鱼雷可在水中行驶，威力巨大，另外还配置两门火炮，一门炮口向前，另一门向后。"霍兰"艇在近海进行了航行和发射鱼雷等表演，其优良的性能令参观者们拍手叫绝。专家们称赞霍兰发明的潜艇是第一艘真正成功的实用战斗潜艇。

1900年，美国海军订购了六艘"霍兰"六号潜艇，于同年十月正式组建第一支潜艇部队。此型潜艇下潜深度22.8米；排水量：水面64吨，水下76吨；主要武器：一门气动炮，一具457毫米鱼雷发射管；主尺寸：长16.3米，宽3.1米，高3.5米。

后来，英国、日本、德国等国也批量购买或仿制"霍兰"型潜艇。到1914年第一次世界大战爆发时，各海军强国拥有的作战潜艇已达260余艘，潜艇排水量增至数百吨，水面航速约十节，水下航速约6节～8节。1914年8月12日，战争刚开始十来天，霍兰便因患肺炎去世。但他发明的新型潜艇，却成为这次世界大战海上战场一支不可忽视的力量。

世界上第一艘核动力潜艇

鹦鹉螺号

在两次世界大战中，潜艇在海战场都有过相当精彩的表演，发挥了十分重要的作用。潜艇独具的优点是能够潜入水下，以茫茫大海的海水作屏障。但是，普通潜艇并不能长时间以蓄电池作动力潜航，常需浮起在水面航行，以柴油机为动力，并为蓄电池充电，补充消耗的电能。能不能造出一种连续数月、数年在水下航行的潜艇呢？法国著名科幻作家凡尔纳于1867年写了一本惊世之作《海底两万里》，书中主人公乘坐一艘叫"鹦鹉螺"的潜艇，从靠近日本的海域出发，进行了一次在海底环绕世界的航行。凡尔纳的小说读起来很精彩，但却留下了一个技术空白，那就是"鹦鹉螺号"的神秘动力。

到了20世纪中期，经过科学家们的不懈努力，终于把小说家和预言家的幻想变成了现实，其关键便是寻找到了一个神秘的动力——核动力。

最先想到用核能推进潜艇的人，是一位拥有物理学博士头衔的美国海军军官，他就是美国海军实验室的技术顾问罗斯·冈恩。1938年底，德国恺撒·威廉研究所的奥托·哈恩博士和他的助手，在实验室成功地分裂了铀原子核。消息传开后，各国物理学家争相进一步探讨原子能王国的奥秘。十几年来，罗斯·冈恩一直在研究使潜艇具有无限续航力的动力，哈恩的成果使他眼界大开。

第二次世界大战结束后，冈恩等人为核潜艇多方奔走呼吁，引起格罗夫斯将军主持的战后原子能应用委员会的高度重视。1946年初，美国海军派遣一个由五名优秀军官和工程师组成的小组，前往著名的核研究中心——田纳西州的橡树岭学习核技术，为首的是一位名叫海曼·里科弗的海军上校，他后来成为闻名世界的"核潜艇之父"。

里科弗1900年1月出生于波兰一个贫寒的犹太人家庭，六岁时随父母迁居美国，上小学、中学时始终半工半读，曾当过邮递员和送货员。家里无力供他上大学，经一位众议员提名，保送进入美国海军军官学校，后又在哥伦比亚大学工程学院深造。1945年，里科弗已晋升为上校，担任海军部航行局电力部门领导。在美国海军军官中，他以知识渊博、善于解决技术难题而小有名气。在橡树岭的日子里，里科弗不仅是位称职的领导者，而且对核技术着了迷，成为核工程研究专家，并毕生与核动力结下了不解之缘。

1948年5月1日，美国最高决策当局作出建造核潜艇的决定，里科弗被任命为国家原子能委员会和海军船舶局两个核动力机构的主管，兼任核潜艇工程的总工程师。他为核潜艇确定了设计方向：按潜艇的有限空间设计核反应堆，核装置小型化一步到位，核裂变产生大量的热能，用带有一定压力的水或其他解热剂把热能"载"出，驱动蒸汽轮机发电，使潜艇获得

取之不尽的巨大动力。

理论是简捷的，但实际研究过程却充满了难题。承揽此工程的西屋电气公司在研制水冷式核动力装置时，为解决从反应堆内流出的热水有放射性问题绞尽了脑汁。他们终于找到了一个巧妙的办法：采用第一回路、第二回路两个系统，把传载热能的水，与产生蒸汽、推动蒸汽轮机的水分隔开来。第一回路的压力水吸收核裂变释放出的热量，流出反应堆后进入蒸汽发生器，通过蒸汽发生器传热管，把热量传给蒸汽发生器中二回路给水，不具有放射性的二回路给水变成高温蒸汽后进入汽轮机，将热能转换为电能。

在里科弗高效、严密的组织领导下，整个工程进展比人们原来预料的快得多。1952年6月14日，在美国东北部康涅狄格州的格罗顿造船厂，举行了美国第一艘核潜艇——"鹦鹉螺号"铺设龙骨仪式，杜鲁门总统和五角大楼的高级将领们从华盛顿乘专车赶来参加。

1月21日清晨，凛冽的寒风拍打着岸边的浪花，成千上万对核潜艇有兴趣的人们，一大早便簇拥在格罗顿船厂宽阔的船台下。晨雾为"鹦鹉螺号"罩上了一层薄纱，格外增添了一

种神秘感。

在人群潮涌般的欢呼声中，衣着华贵的美国第一夫人曼梅叶·艾森豪威尔按照传统礼仪，拿起一瓶特备的金黄色香槟酒，非常熟练地向静静躺在船台上的"鹦鹉螺号"艇艏投去。伴随着清脆的声响和四溢的酒香，披红挂彩的"鹦鹉螺号"缓缓向水中滑去。

"鹦鹉螺号"长97.4米，宽8.4米，高6.7米，水上排水量3530吨，水下排水量4040吨。下潜深度200米，最大航速25节。配有六具533毫米鱼雷发射管，备用鱼雷18枚。定员105人。

1955年1月中旬，已晋升为海军少将的里科弗来到格罗顿(也称新伦敦港)。这里是美国海军在大西洋西岸最大的潜艇基地，也是"鹦鹉螺号"的母港。他要亲自率领已编入大西洋舰队的"鹦鹉螺号"，进行一系列实用试验。

1月17日上午11时，里科弗对身边的一位中校、"鹦鹉螺号"第一任艇长威尔金森说："艇长，下达起航命令吧！"

舰桥上的信号灯闪烁发光，向护航船只发出了"本艇以核动力航行"的信号。"鹦鹉螺号"缓缓驶向大海，潜入水下，以约20节的航速开始了具有划时代意义的远行。

多次试验都获得了成功。

"持续潜航1381海里，仅用84小时，比以往潜艇航程长十倍！"美国各大报刊都在显著位置争相报道"鹦鹉螺号"一次又一次创纪录的航行，称它是一项"伟大的杰作"。

1957年4月，"鹦鹉螺号"进行了第一次堆芯(即核燃料)更换。到此时为止，它仅仅消耗了几千克重的浓缩铀，而航程却达62562海里，其中大部分处于潜航状态，平均每年航行31000海里。核潜艇的燃料几年才更换一次，它在水下的续航力几乎不受任何限制，极大地提高了潜艇的隐蔽性和机动性。而当时美国海军的常规动力潜艇，平均每年航程只有18000海里，需消耗800万千克燃油，潜航航程仅占25%。

军事专家们有这样的评说：以往的潜艇只能称作"可潜艇"，只有在"鹦鹉螺"诞生后，才有了真正的潜水艇！

台风级核潜艇

美国研制成功核潜艇，受震动最大的是苏联。克里姆林宫的决策人物如坐针毡，下令急起直追，加速发展核潜艇。

1962年，苏联推出第一种核动力导弹潜艇，称H级，装有三枚SS-N-5弹道导弹，射程1200千米，性能、威力还无法同美国的"乔治·华盛顿号"相提并论。直到1967年Y级问世，苏联才拥有了真正的战略核潜艇。20世纪70年代后期，苏联又建成十几艘D级核潜艇，在数量和导弹射程等方面超过了美国。

一些军事战略家惊呼：俄国人已夺取了核潜艇优势，对美国和西方构成了威胁！

但美国海军却不以为然。他们有更明细的"账目"。以1981年为例，美国海军装备42艘弹道导弹核潜艇，分别携带16~24枚导弹，共拥有导弹发射筒690具；苏联海军则装备70艘弹道导弹核潜艇，分别携带12~16枚导弹，共拥有导弹发射筒856具。苏联的潜艇和导弹发射筒数量虽然占优势，但美国的潜射导弹分导能力强，命中精度高，"海神""三叉戟"导弹均有10~14个分弹头，每个分弹头的威力都几倍于投在广岛的原子弹。而苏联的潜射导弹大都是单弹头，少部分装有3~7个分弹头，潜艇虽多，但最终的打击力量——导弹弹头的总数目和实战效能，却远远落后于美国。

苏联海军高级将领当然最清楚自己的家底，他们竭尽全力同美国争雄，决心研制新一代威力空前的核潜艇。

在俄罗斯西北部的白海附近，有一家同美国格罗顿齐名的潜艇制造厂，叫北德文斯克船厂。美国情报部门知悉苏联要造一艘巨型核潜艇的消息后，侦察卫星便把北德文斯克船厂作为重点目标。但是，该厂的巨大船台不是露天的，遮蔽式厂房蒙住了侦察卫星的"眼睛"。直至苏联于1983年公开展示令世界震惊的"台风"级新一代核潜艇时，美国人才吓了一跳。

此前，水下排水量18750吨的美国"俄亥俄"级，曾执世界核潜艇之牛耳，而如今它不得不让位于"台风"级了。"台风"的水下排水量达29000吨，艇长270米，宽23米(俄亥俄级12.8米)，吃水15米，个头儿竟同第二次世界大战时的航空母舰差不多。

"台风"之所以造得如此庞大，与它独具特色的结构设计和携带的导弹密切相关。众所周知，西方各国的巨型潜艇，几乎毫无例外地采用单艇体结构，而苏联人却标新立异，为"台风"设计了双艇体结构，即在耐压壳之外再包一层外壳，内外壳之间的距离颇大(宽处达4.6米)。双壳体结构的优点是抗破坏性好，一般的反潜鱼雷奈何不得这个庞然大物。

"台风"尺寸设计得如此巨大，

主要还是为了装下20枚新型SS－N－20导弹，每枚有12个分弹头，每个分弹头为20万吨TNT当量，射程达5000海里，具有全球覆盖能力，总杀伤威力超过了美国俄亥俄级核潜艇携载的导弹。新闻媒介有这样的评价："俄亥俄"是西方的超级巨星，"台风"是前苏俄海军的海中巨兽，它们代表着20世纪战略核潜艇的最高水平。

2000年8月12日，俄罗斯海军北方舰队在巴伦支海域的大演习进入高潮

俄罗斯库尔斯克号核潜艇

阶段。这是俄罗斯海军近年来最大规模的海上实兵演习，演习课目为"对航空母舰战斗群的合同攻击"。"库尔斯克号"核潜艇艇长根纳季·利亚钦上校率领117名艇员，驾驶潜艇在水下航行。

莫斯科时间12日23时左右，演习指挥部与"库尔斯克号"的联系突然中断。不久，两次巨大的爆炸声从深海传出。临近巴伦支海的挪威地震研究所测到了这两次大爆炸，相隔时间为2分15秒，第一次相当于1.5级地震，第二次相当于3.5级地震。

约四个小时后，奉命搜寻的俄海军巡洋舰的声呐发现海底有"异常情况"，最终证实：在摩尔曼斯克西北方向巴伦支海100多米的海底，有一艘沉没的巨型潜艇。它就是著名的俄罗斯海军战略导弹核潜艇"库尔斯克号"。

14日上午11时，俄海军司令部向新闻界正式发布消息：北方舰队的"库尔斯克号"在演习过程中发生事故，沉没于巴伦支海，准确位置为俄罗斯西北角的科拉半岛附近，距俄海军基地摩尔曼斯克约157千米。

消息传出，举世震惊，举世关注：艇上100余名官兵的生死如何？艇上的核装置是否会发生核泄漏？这样一艘先进的核潜艇为什么会发生爆炸？

俄罗斯20多艘舰艇和多架大型救援飞机，迅速赶往出事海域，俄海军总司令库罗耶多夫上将和北方舰队司令员波波夫上将亲自指挥救援行动。

挪威、英国对事故极为关注，表示愿意协助俄海军的营救。美国国防部长科恩也称：一旦俄罗斯方面提出请求，将在24小时内开赴"库尔斯克号"沉没地点参加救援。

到8月15日，"库尔斯克号"上的艇员仍旧活着，他们利用敲击潜艇外壳发送信号的方式，与救援小组取得了联系。但是，由于出事海域水深流急浪高，使得俄海军向水下释放的救生钟(艇)无法与潜艇的逃生舱口进行对接，六次实施营救行动均告失败。

16日下午四时，俄罗斯外交部正式请求英国和挪威为营救"库尔斯克号"提供援助。富有海底救援经验并拥有先进救援装备的英国皇家海军和挪威海军，迅速派出LR5救生潜艇和"诺曼底先锋号"救援船。12名挪威潜水员，他们携带的"天蟹号"深水遥控机器人，克服重重困难，终于在8月21日7时45分打开了"库尔斯克号"救生舱的外盖，后又打开了救生舱内舱盖。但是，为时已晚，只见舱内全灌满了海水。这意味着，"库尔斯克号"上的118名官兵已全部遇难。

俄罗斯RIA通讯社直播了北方舰队司令波波夫上将在失事海域的讲话。他声音颤抖，情绪异常激动。他说：3000名俄罗斯海军官兵为营救"库尔斯克"上的被困艇员已尽了最大努力。我们失去了北方舰队最好的潜艇乘员。俄罗斯也失去了一艘最先进的核潜艇。

舷号K-141的"库尔斯克号"潜艇，是俄罗斯第四代核动力巡航导弹攻击潜艇，是949.A型潜艇中最新的一艘，西方称其为"奥斯卡"级，俄罗斯则称为"安泰"型。该型潜艇是俄罗斯海军现代化程度最高的海战重型装备，也是世界上吨位最大的巡航导弹攻击型潜艇。

把巡航导弹装在攻击型核潜艇上，是俄罗斯人的首创。此前，西方的攻击型核潜艇只装备鱼雷。949型由"红宝石"中央设计院设计，总设计师为斯帕斯基，1980年在德文斯克造船厂建成第一艘。由于在试航中发现了一些缺陷，设计师对949型进行了修改，新艇称949.A型，于1985年建成。原计划建造16艘，至2000年有九艘服役。"库尔斯克号"是"奥斯卡"级中比较新的一艘，于1994年5月建成下水，1995年1月加入司令部设在北莫尔斯克的俄北方舰队服役。该级核潜艇采用双艇体结构，内层艇体为圆筒形耐压艇体，分成十个舱室。潜艇主要战术技术要素：水上排水量14700吨，水下满载排水量24000吨，比美国海军"海狼"级和"洛杉矶"级攻击型核潜艇大得多(水下排水量分别为9100吨和6900吨)；

艇长154米，宽18.2米(含稳定翼为20.1米)，吃水9.2米；极限下潜深度可达600米，工作深度420米；动力装置为两座各为190兆瓦压力式OK-650E型核反应堆，两台50000马力的蒸汽轮机，另有两台3200千瓦的涡轮发电机组和一台800千瓦柴电机组，推进装置为两具七叶固定螺距螺旋桨；艇体近似于水滴形，阻力小，水下最大航速32～33节，水上最大航速15节，电力推进航速五节；艇员编制107人，自持力120昼夜。

"奥斯卡"级潜艇是冷战时期的产品，其主要任务是对美国航母编队作战。因此，潜艇上配备有威力很强的武器系统。最令美国海军畏惧的是24枚"花岗岩"巡航导弹，艇体中段两舷有12具倾斜发射的巡航导弹发射筒，北约称此巡航导弹为SS-N-19。这是一种中远程、超音速(2.5马赫)、超低空掠海飞行的反舰导弹，弹长约11米，弹径约一米，翼展两米；发射重量5吨～7吨，既可装高爆炸药，也可装35万吨级TNT当量核弹头，弹头重750千克；采用指令修正惯性制导和主动雷达制导，最大射程500千米，利用艇上声呐探测目标时射程为55千米。俄罗斯海军还曾在"奥斯卡"级潜

艇上试验改装SS-N-24远程巡航导弹，可将一枚100万吨级的核弹头发射到4000千米之外。它在飞行中具有较强的抗干扰能力，在雷达末制导阶段有很高的瞄准杀伤目标的能力，可对相距500公里左右的敌方航空母舰构成巨大威胁。

另外，艇体前部还有八具533毫米和650毫米的鱼雷发射管，可用于发射SS-N-15鱼雷(类似美国的"沙布洛克"火箭助手鱼雷)，以及其他型号的鱼雷和SS-N-16反潜导弹。

对于"库尔斯克号"沉没的原因，据权威人士称，最大的可能是艇艏鱼雷舱发生了爆炸，海水涌入舱内，造成潜艇急剧首倾并下沉。在这种情况下，艇长根纳季·利亚钦下达了应急上浮的命令，上浮失败后就又下达了关闭核反应堆的命令。由于出海前没有准备好蓄电池，停堆后导致全艇停电，因为柴油发电机组不能在水下工作。停电后，不仅全艇一片黑暗，制氧装置也无法运转，氧气只能靠携带的再生药板提供，仅够用一周时间。再生药板耗尽后，100多米深处的潜艇人员便会全部窒息死亡。俄军方称，在紧急时刻，下达关闭核反应堆的命令，是俄罗斯军人英勇牺牲精

神的表现。确实，如果潜艇下沉后核反应堆继续工作，后果将非常严重。工作着的反应堆会继续发热，但由于发动机等部分都已经损坏，热量无法导出，反应堆不断升温。在正常情况下，密闭的钢壳承受300多度高温和300多个大气压。当高温高压增至一定程度，就会发生大爆炸，引发灾难性的核泄露。而巴伦支海是北欧最主要的捕鱼区，核泄露无疑会使北欧乃至全球经济及生态受到严重打击。

成功打开"库尔斯克号"逃生舱的挪威潜水员证实，艇体虽破，但反应堆部分没有发生破损，暂时没有核泄露情况。专家称：在核反应堆成功关闭的前提下，在20年之内，如果不打捞，核反应堆不会发生泄露，不会对周围海域造成核污染。因为反应堆的各部分元件都是厚厚的金属(锆)管，海水对元件的腐蚀是一个长期的过程，估计金属(锆)管被腐蚀穿透大约要20年时间。

"库尔斯克号"留给世人的世纪之谜，终于在2001年末前初露端倪。10月8日，沉睡在巴伦支海海底14个月之久的"库尔斯克号"艇身被打捞出来，由大型驳船拖到摩尔曼斯克港口的浮动船坞。以俄罗斯总检察长乌斯季诺夫为首的调查组于10月25日进入艇身的一些隔舱。他们得出的初步结论是：鱼雷爆炸是潜艇失事沉没的原因。但鱼雷为什么会爆炸，仍有待进一步查清。

588号海上猛虎艇

"海上猛虎艇"是东海舰队福建前线的小炮艇，第一代只有50吨的炮艇，到20世纪60年代以后才换装成150吨的高速炮艇。主要武器是双管37毫米口径的火炮，它的舷号588。1966年2月3日被国防部授予"猛虎艇"光荣称号。据说，这个名字还是国民党一位俘虏叫出来的，他把588艇叫成了"猛虎艇"。后来海军领导机关向国防部申请命名的报告上，就正式用这个名字了。可见，588在战场上杀出了威风。

"海上猛虎艇"大小战斗参加数十次，每次战斗都勇猛无比，令敌丧胆。1958年，当时"猛虎艇"还是只有50吨的小艇，没有雷达，可是它已是福建前线的主力战斗艇。这年秋天我军展开炮击金门的战斗。9月1日那夜，敌一艘登陆运输舰在三艘猎潜舰护送下，向金门而来。"海上猛虎艇"和兄弟艇一起，立即出击。别看

敌舰有450吨，上面有七门炮，可是"猛虎艇"冒着炮火从3000米打到100多米，几个来回冲杀，把敌舰打得浓烟烈火滚滚。敌舰玩命了，像一条火龙一样朝"猛虎艇"撞击，"猛虎艇"猛一加速，从敌舰首擦肩而过，占领有利阵位，朝敌舰水线下猛打，敌舰拼命逃跑，可是逃不远就到海底见阎王了。后来才知道，被打沉的敌舰叫"沱江号"。

9月19日夜间，"猛虎艇"在金门东南巡逻时，突然发现海面有个"怪物"，立即用主炮射击。可是那个"怪物"没有还击，还是在海里慢吞吞爬着，好像一只巨大的海龟。"猛虎艇"加速追到那只怪物跟前，终于看清了。原来是敌人一辆水陆两用坦克。因我军炮击，敌人军舰往金门岛进不去，想用"坦克"直接渡海运上金门岛。

"跳帮组准备，活捉铁王八！"

艇长一声令下，射手郭培爱端起冲锋枪，先给"铁王八"一阵扫射，然后飞身跳到"铁王八"上。怒吼一声："缴枪不杀！""铁王八"只好打开盖，两个家伙举起手投降了。"铁王八"被活捉，如今成了北京军事博物馆里的展品。

"猛虎艇"在20世纪60年代打击小股海上匪特中，也立下不朽功勋。1964年4月，金门岛上的特务头子谷正文，苦心经营两年，组建了一支蛙人"海狼队"，企图利用这一带海上是雾季、飞鸟多、雷达难以分清哪是海狼艇，哪是飞鸟的时机，开始"海狼群"行动。

总参谋部和海军，早已掌握敌岛海狼艇队的动向，命令海军福建基地研究战术，寻找战机把海狼艇歼灭。谷正文碰到的对手，正是三都水警区司令员陈雪江。他从长江口打到福建，是个有名的"炮艇专家"。陈雪江得到敌人海狼艇队要进行海上袭击之后，带着马干大队长和参谋人员，日夜观察海区，研究海狼艇在雷达荧光屏上的回波特征，制订各种战法，决心要收拾金门、马祖的海狼群。其中"海上猛虎艇"588已备战多日。

5月1日夜里，陈雪江刚好担任战备值班。他从观通站和福州军区电报中得知，海狼艇已经从东引岛行动。陈雪江早已把三种速度不同的炮艇，布置在三个待机点上，速度最快的150吨炮艇离东引最近，在那里值班的是马干大队长。他长期生活在福建前线，打小股敌特是他的拿手好戏。陈雪江一把抓起电话：

"马干同志，海狼出动了，在东引方向，你率艇马上出击，给我敲掉它几条，有把握吗？"

"有，请首长放心！"

"好，你全权海上指挥，三个突击群都听你的，一定要打好这一仗！"

马干放下电话，一把抓起作战预案和出海包，一边喊着参谋："快，快，出海！"一边向码头"猛虎艇"跑去！这是他的指挥艇。

三支艇队先后赶到战区，像张大网，在敌人东引岛的西北方向展开了搜索。海狼艇只有5.6米长，它的速度快，最快每小时达30海里，它火力也很强，有无坐力炮一门，火箭发射筒一具，轻重机枪各一艇，还有手雷。要是它靠上我炮艇，也是够受的，不沉也得咬出几个洞来。

海狼艇很狡猾，一会钻进渔场的渔船中，一会儿又隐蔽在岛礁附近，回波在雷达上非常弱，开起来活像飞鸟，停下来就消失。

6时40分，雷达发现浮鹰岛北内航道上，有四个快速小目标，朝东南方向驶去。马干得到这个消息，立即命令两艇截击，他自己又率"猛虎艇"高速向目标追去。

我艇发出识别信号，对方不回答，我艇鸣枪警告，对方突然向我艇队开火。马干怒视着敌艇，发出命令："狠狠地打！"两艇立即展开队形，猛烈轰击。四条海狼，拼命向东引岛方向逃窜。它们速度快，但哪里有炮艇的炮弹飞得快呢！第一组炮弹拦截，就把敌164艇击伤，失去机动，我两艇迅速把它俘获。

这时天已大亮，陈雪江在指挥所得到马干的报告，俘获一只海狼艇，正在追击其余三只海狼艇。

敌岛发现我炮艇正在追海狼艇，急忙拉响战斗警报，用大炮阻击我艇队，掩护海狼艇逃窜。

在东引抛锚的敌"丹阳号"驱逐舰，"北江号"猎潜舰，急忙起航追出锚地，也用火炮截击我炮艇。

炮弹在我艇队周围爆炸，站在驾驶台上的马干面临严重敌情，但他脸不改色，决心不动摇，命令577艇去攻击敌大舰，自己率588艇和另一艘炮艇依然追击海狼艇，硬是在敌炮口下把两艘海狼艇打得粉身碎骨，另一只海狼艇总算腿长，逃出覆灭的命运。马干这才命令艇队返航。

神乎其神的海狼艇，头一次出击就三沉一伤，这使谷正文哭丧着脸，三天不说话。

在"猛虎艇"征战纪实中，最激烈的海战是崇武以东的那场拼杀。

1965年11月13日下午，台湾又派出两艘舰艇编队，企图钻进东海渔场捞一把就走，但他们的行踪很快被我观通站雷达兵盯上了。

上级命令福建基地组织编队，立即出航，在崇武以东把敌舰歼灭。

13日22时16分，我海上编队离开待机点东月屿，成单纵队，护卫艇在先，鱼雷队殿后，披着夜色，高速向战区驶去。驶在最前面的就是"海上猛虎艇"588号。

某水警区司令魏垣武立在588指挥艇的驾驶台，正在海图上观测着敌我态势。为了出其不意地打击敌人，他命令艇队从风大浪高的十八列岛礁区隐蔽航行，直插打击点东沙屿。十八列岛礁区有明礁，也有暗礁，既有狭窄航道，又有浅滩，平时除了当地渔船进出外，没有任何舰船敢进入这片海域航行。但为做好战场准备，陈雪江、魏垣武和张逸民等，乘坐588艇对这片海域早进行了精密测量，选择了我舰艇可以安全航行的秘密航道，并经常在这里进行突然出击训练。眼下，这里正是英雄用武之地。

23时14分，魏垣武所在的588指挥艇上的雷达兵刘启明，突然在荧光屏上发现两个针尖似的亮点一闪。他刷地把扫描线往上一压，亮度增强，两个目标一前一后，有节奏地跳动着。他的神经骤然绷紧，大声喊着："发现敌舰了！"并立即向指挥台报告了两艘敌舰的位置。

"咬住它！别丢了！"

"是！"刘启明响亮回答。

魏垣武此刻已经抓住目标，在右舷十度，距离10.5海里。而敌舰对我编队一无所知，两敌舰成近似右梯队，航速12节，间隔七至八链，正向敌占乌丘屿航行。

魏垣武用计算尺比画了一下，决定以"人"字队形从敌两舰中间插入，先将敌分割，然后第一突击群咬住敌前导舰，从敌舰右侧经敌舰尾部插入左侧，以同向同速由里向外打，迫使敌舰向外转向背离乌丘屿，切断

敌退路，以利我各个歼灭。

23时20分，魏垣武下令第一突击群展开右梯队，准备右舷攻击。

我艇队高速插向敌阵。588指挥艇冲在最前列，紧随的是579、576、577艇，像一把把尖刀朝敌舰胸膛捅去。

13分钟之后，艇队第一突击群，突然出现在敌舰跟前。588指挥艇离敌舰只500米时，魏垣武挥着拳喊着："打！"

瞬间，我四艘炮艇的全部火力，以迅雷不及掩耳之势，向前导敌舰齐射，几分钟之内就把2000余发炮弹倾泻到敌舰上。我编队从右舷60°进入，一直打到150米，敌舰被打得晕头转向，一下子失去还击能力，慌忙向北偏东逃窜，连一枪一炮也未打出来。

我编队第一回合就把敌舰分割，把敌舰队形打乱，为鱼雷艇攻击创造了有利条件。但我分工钳制的兵力没有及时展开，机械地执行先打沉一艘，对后制敌舰没有及时盯住，结果使后制敌舰腾出手来，对我编队进行反击。

"咣咣！"几声巨响，敌舰飞来的炮弹命中魏垣武的588指挥艇，驾驶台上许多同志倒在血泊中。副大队长

李铧和中队政委苏同锦同志，当场牺牲了。魏垣武和其他六位同志也受了重伤。

588"猛虎艇"的作训参谋刘松涛，头部、臀部多处受伤，头部流出的血挡住他的视线，想伸出右手摸一摸，可是怎么使劲也抬不起来，原来右臂骨头被打断了，用左手摸头上，钢盔也坏了。此刻，炮声隆隆，火光冲天，战斗十分激烈。他看清艇长已经倒下，战艇失去指挥，他用尽了最大力气，顽强地站了起来。魏垣武副司令员上半身全是鲜血，艰难地对刘松涛说："你来操艇！"刘松涛点点头，毫不犹豫地走上了艇长的位置。

一排巨浪打来，刘松涛伸出左手去抓挡板做扶持，不料没有抓住，打了个趔趄，就在这身子一晃的工夫，他觉察到右手食指也被打断，只连着一点皮，操艇很不方便。他忍着痛，用牙齿咬下血糊糊食指。舱里有几个同志上来给他包扎，他还一个劲劝说："先包扎别的同志！别管我。"

魏垣武被弹片击中右眼，右胸锁骨被打断，骨尖刺破动脉血管，血流如注，他倒在罗经边上昏迷着。激烈的炮火把魏垣武震醒。他立即想到周总理的指示：要集中兵力先打掉一艘。他艰难地扶住罗经挣扎着站起来，下令用信号弹和超短波机同时命令鱼雷快艇实施攻击。信号兵王树生，咬着牙发出信号，把命令传给张逸民的鱼雷艇队。当信号兵发完信号转过身来时，魏垣武又昏倒在罗经边

上。王树生赶紧扶起他，给他包扎。

大家这才知道魏垣武副司令员也受重伤了，都围拢过来。

魏垣武坚持在驾驶台上，躺在地上指挥。

张逸民指挥的鱼雷艇队，发起了攻击，为了占阵位，在敌炮火下3进3出，最后终于有一条鱼雷命中了"永昌号"。鱼雷艇处在敌炮火之下，张逸民下令艇队撤出战斗。

588指挥艇，一看敌舰上的炮火还在还击，还没有沉没。猛虎艇和579艇立即奋勇冲到离敌舰200米内。588艇上的炮手葛毅，稳操火炮，咣咣两发，就把敌驾驶台打得冒出一片火。他牙齿一咬，移过炮口，又朝敌舰的前甲板炮位猛烈射击，打得敌人血肉乱飞，纷纷跳海逃命。"永昌号"完全失去抵抗能力，一片狼哭鬼叫声。葛毅又移动炮口，朝水线下猛射，用炮弹去钻洞，让海水灌入敌舰肚皮内，加速下沉。

1时06分，"永昌号"一个鲤鱼翻身，腾起一团汹涌波涛就在海面上消失了。

588艇和兄弟艇立即展开捕俘，捞起敌舰上的落水人员。

3时05分，我海上编队胜利返航。

阿波丸号客货运输船

第二次世界大战中，美国潜水艇"皇后鱼号"，在台湾海峡福建牛山洋海面，击沉了日本绿十字船"阿波丸号"，引起世界震惊，被称为太平洋战争的神秘事件，而"皇后鱼号"也因此而蜚声世界。

1943年，交战国美国和日本为"阿波丸号"船达成了一项协议：被日本扣押的美英等盟国战俘和16.5万侨民需要国际红十字会为他们运送救济物资，这项任务由"阿波丸号"承担。

"阿波丸"原是一艘日本客货运输船，全长154米，航速18节，总载重为11249吨，是1943年新建造下水的军用船。

交战期间，所有的敌国船只在公海上是必遭袭击的。但美国向日本及全世界承诺，在日本至中国东北、上海、台湾航线及东南亚航线上，保证"阿波丸号"的航行安全。日本也向世人承诺，"阿波丸号"只用来承运战俘和侨民所需的生活物资。

在日美交涉"阿波丸号"行船事项时，日本提出多用几条船为战俘和侨民运送物资，而美国答应只许"阿波丸号"一船承担此任，并要求日本必须在"阿波丸号"两舷及烟囱上用油漆大写绿十字，夜间航行，必须两舷打开灯火。这就是"绿十字"船的来历。"绿十字"成了战火中安全航行的"特别通行证"。

1945年3月，这是"阿波丸号"最后一次航行。当时美国海军完全控制了太平洋，切断了一切舰船与日本本岛的来往，日本人制海制空权全部丢尽，在东南亚的日军已惊惶不安，他们都希望，乘坐"阿波丸号"回到日本。

"阿波丸号"的到来，对于居住在新加坡、雅加达一带的日本人来说，好比落水人在绝望中发现了木板，争着要搭船回国。几天来，为了能搞到一张乘船证，日本上层人物中间展开了紧张的角逐，在运输司令部的接待室内外，门庭若市，从港口飞往日本东京的密码电报像雪片一样多。同时，每天深夜，在全副武装的日本兵监护下，"阿波丸号"神秘地装着货物，20多辆运输车，来往于新加坡银行地下金库，把大批贴有封条的箱子运上"阿波丸号"船上。

据战后有关资料透露，搭船者为2009人，多数是日本军政要员、高级商人和外交官。船上装有近万吨橡胶块和锡锭，还有大量的黄金和钻石。

"阿波丸号"驶入公海后，绿十字能不能成为护身符呢？船上的人愁

眉苦脸，不少人身带一尊小菩萨，一个劲地磕头，祈祷菩萨保佑平安。突然两架美国飞机飞临，顿时，船上的人被吓得抱头鼠窜。下午，又有两架飞机跟踪"阿波丸号"船，可并没有开枪投弹。一天傍晚，船上有人发现在船的右前方有条大鲸鱼游来。众人正看热闹，突然有人惊叫："是潜水

艇！"船上顿时混乱。

但这三次都有惊无险，船上人开始相信绿十字的作用。船上的军政要员和财团主子们忍受不住航行生活的单调，脱下伤兵的伪装服，开放了酒吧，举办起舞会。

4月1日夜，"阿波丸号"行驶到我国福建平坛县牛山洋海面。船长突然接到报告，"发现一艘敌船尾随我左右多时！"船长说"不理它！保持原速。"但是这一次，绿十字失去了效用。跟踪"阿波丸号"的美国"皇后鱼号"潜艇属于"鲨鱼级"，是一种大型远洋作战潜艇，排水量在水面1526吨，在水下是2424吨，艇长59米，水下航速九节，水上最大航速25节。艇上装有鱼雷发射管十具：首部六具，尾部四具。有76毫米炮一门，20毫米炮三门，编制人员60人。他们长期担任封锁台湾海峡的任务，监视日本舰船，并把它击沉。"皇后鱼号"早就盯上"阿波丸号"船了，并三次发出停航检查的信号，对方却置之不理，艇长拉福林恼火了，他下令作好鱼雷攻击准备。他再次测定目标运动要素，用三管鱼雷瞄准目标。"阿波丸号"船还是朝前行驶，但速度更快。拉福林艇长拳头一举喊着：

"预备——放"！发射了三颗鱼雷，仅40秒钟，"阿波丸号"一阵轰响，火光冲天，不到五分钟，便沉入了海底。"皇后鱼号"赶到现场，只救起全船唯一一个昏迷不醒的活人。

这天是1945年4月1日23时30分。活下来的一人是三等厨师田勘太郎。正在甲板上散步的他，被鱼雷爆炸的巨大气浪抛进大海，又被"皇后鱼号"救起，后几经周折才回日本。他成了"阿波丸号"上许多情况的唯一证人。

"皇后鱼号"艇长叫拉福林，他向上级报告：击沉一艘敌国驱逐舰。

日本政府向美国提出抗议：美国无故进攻"阿波丸号"船，是战争史上没有前例最无信誉的行为，要求美国负全部责任。美国政府拒绝日本抗议，声称艇长已交军事法庭，而且认定日本把军政要员装上"阿波丸号"船，对使用此船正当性存在疑问，同时美方潜艇一再命令"阿波丸号"停船受检，为什么不服从，不理睬？日方虽然再次抗议，但似有难言之隐。拖了四年，日本自动放弃要求美国赔偿，更使"阿波丸号"事件披上了一层神秘面纱。因此，"阿波丸号"被击沉，被世人称为"太平洋战争之谜"。

"皇后鱼号"艇长拉福林，不但没有受到美国军事法庭审判，相反由上尉提为少校，还立了功。这就更使事件长时期带有了神秘色彩。

攻击型核潜艇——鲨鱼号

"鲨鱼号"是苏联20世纪80年代服役的最先进的攻击型核潜艇，它吸收了世界上先进潜艇的高新技术，具有多种作战能力，是一种又狡猾，又凶狠的攻击型核潜艇。

"鲨鱼号"水下排水量9100吨，艇长115米，艇宽14米，水下最大航速32节。它于1984年7月下水，1985年正式服役，共建造五艘。

它采用典型的滴水型结构，其特点是艇前部呈椭圆形，艇后部呈抛物线状。这种结构跟过去传统的流线型明显不同。这种型的先进性就在于可最大限度地减小水中阻力。它的舰桥采用流线型。整个艇的长宽之比为8.2：1，按设计，最理想的长宽比应为7：1，因此离理想还超过一点，但比其他前苏联潜艇的长宽之比，已有很大改进了。

"鲨鱼号"的尾部纵舵上方有一流线型装置，人们猜测可能装有世界最先进的超导电磁推进器或者燃料电池推进系统。它采用了侧斜螺旋桨技术和七叶桨。这些技术的最大优越性是降低了潜艇尾轴与螺旋桨的振动噪声，以及空泡噪声，这就使潜艇的隐蔽性大大增加。

20世纪70年代美国就宣称，说他们对苏联潜艇的监视可达200海里，它的防潜网能做到像足球场上人盯人的程度，只要苏联潜艇接近美国海域300海里，美国就盯上了。可是到20世纪80年代初，突然间牛皮吹破了，苏联核潜艇跟美国核潜艇屡屡在"水下接吻"，而且苏联核潜艇多次在美国海域游弋，美国并没有发现。美国预感到不对劲，苏联潜艇为何突然噪音小了呢？美国间谍机关要弄清苏联潜艇之谜。后来谜底揭开了，是日本东芝公司违反巴黎统筹委员会的规定，悄悄把几台数控精密车床卖给了苏联，这种车床加工出来的螺旋桨就能大大减小噪音，再加上苏联采取许多隐形技术，因此使其潜艇变得神秘莫测。

这一下使美国大为恼火，这使美国花几千个亿建起来的反潜侦察网，一下子化为乌有。美国抓住日本东芝公司不放，根据对苏联技术禁运的条约，要求赔偿损失，要求经济制裁，这就是震惊世界的"东芝事件"。

苏联"鲨鱼号"潜艇的螺旋桨，就是用"东芝"提供的车床搞出来的。其实苏联在第二次世界大战中从德国缴获的潜艇上已发现一种秘密，德国U艇曾试验过用合成橡胶制成的吸声材料，包在艇身上。苏联从这里得到启发，战后就开始了吸声材料的研究。

到20世纪70年代，苏联就有了两种吸声材料，一种是可贴在潜艇外壳上的吸声片，有人又叫它"消音瓦"；另一种是吸声涂料。"鲨鱼号"就应用了这种技术。后来在"台风号"上也使用了这种技术，因此隐形性大大提高。这就使美国的防潜网系统失灵了，因而美国不得不花巨资重新研制新的防潜系统。

"鲨鱼号"核潜艇实际上是苏联攻击型核潜艇的第三代。第一代为N型，首艇"列宁共青团号"，是苏联第一艘核潜艇，其水下排水量为5300吨，艇长110米，艇宽九米，水下航速30节，装有12具鱼雷发射管。第二代为E型，其水下排水量为5500吨，艇长110米，艇宽九米，水下航速25节，有十具鱼雷发射管。第三代为U型，其水下排水量为5100吨，艇长95米，艇宽十米，水下航速30节～32节，是当时最快的核潜艇。它装有八具鱼雷发

射管。"鲨鱼号"就是U型级中的最先进型。

"鲨鱼号"可携带潜对地巡航导弹，并通过鱼雷发射管发射，其射程可达3000千米，可装核弹头，爆炸威力为20万梯恩梯当量，这相当于广岛原子弹的16倍。"鲨鱼号"还装备两种潜对潜导弹，也是用鱼雷管发射，其最大射程为92千米。从这些数据中可以看出，"鲨鱼号"具有多种作战能力。

20世纪80年代之后，苏联的攻击型核潜艇进行了第四代，是A型，水下排水量为3300吨，水下航速高达42节，可潜深度600米～900米，装有六具鱼雷发射管，可携带20枚鱼雷，并能发射导弹，是世界航速最快，潜得最深的潜艇，是性能最佳的潜艇之一。

20世纪80年代后期，苏联又有第五代攻击型核潜艇"塞拉"级服役，又称S级。其水下排水量为7200吨，水下航速32节，潜深可达540米，可发射鱼雷和巡航导弹或反潜导弹。1989年4月7日一艘M级核潜艇因起火沉没，就是"塞拉"级的改进型。

在这五代攻击型核潜艇中，"鲨鱼号"级总体性能最佳，事故最少，最受前苏海军欢迎。至今俄罗斯还每年建造一艘。

扬武号木壳巡洋舰

"扬武"舰是清朝海军第一艘木质巡洋舰，是福建水师的旗舰。1872年由福州船政局制造，排水量1567吨，航速12节，有13门炮，编制人员200名。"扬武号"参加了马江海战。

马江是闽江在马尾附近一段的别称，中国近代史上第一次大规模海战就在这里发生。

中国方面拥有"扬武""伏波""飞云""济安"四艘陈旧落后的木质巡洋舰，实际是兵船，只是大木船上安火炮。只有"建胜""福胜"两艘钢炮舰，只有250吨。其余"振威""福星""艺新""永保""琛航"都是木质兵船。数量共有11艘，共计9800多吨，舰员1202人。木船质地脆弱，构造简单，火炮又都是旧式滑膛炮，因此总体舰队力量不强。当时"扬武"巡洋舰是这支舰队的旗舰，该舰的舰长张成是当时舰队临时指定的指挥官。

法国方面有巡洋舰"伏尔他""杜规特宁""费勒斯""台斯当""凯旋"五艘。还有炮舰"阿斯皮克""维皮爱""豺狼"三艘，还有两艘水雷艇共十艘舰艇，总吨位14000余吨，舰员1700余人，火炮总数达72门，大多数是大口径线膛炮，还有最新式的速射炮"哈齐开斯"，每分钟达60发。可见，法舰队无论舰艇质量和火炮先进性都大大超过福建水师马江舰队。

朝廷命令文官张佩纶为钦差大臣，办福建海疆军务，马江舰队和陆上守军都得听他命令。他上任三个月以来，却有一半日子住在福州城里，大小官员生怕得罪这位钦差大臣，都整天忙于设宴款待张佩纶，以换取他的欢心。法国军舰兵临城下，这群贪官置之脑后。

张佩纶一到马江，就答应法国舰

队司令孤拔要求，把军舰开到马江港内，跟中国舰队相距只不过500米。当时旗舰"扬武号"上官兵焦急愤慨，要求舰长张成和军官詹天佑以及工程队长魏汉三人划舢舨上岸去找张佩纶，要求改变这种状况，把中国舰队分散锚泊，以防法国舰队偷击。

马江中国舰队发现法国舰队在擦炮，外来运输船在送装炮弹，有发动战争的迹象。他们派代表，要求钦差大臣赶紧下令做好战备。但张佩纶不耐烦地回答："你们不要惹恼洋人，他们是不会动枪炮的，朝廷正在跟洋人议和，你们切不可坏朝廷大事。"他不准舰队调动，也不准做好战斗准备。

马江舰队的代表一走，张佩纶就接到法国远东舰队司令孤拔的信，提出无理要求，不准中国舰队调动，不准把炮口对准法军舰，否则视为"不友好的表现"。张佩纶这个狗官，统统答应。他生怕爱国官兵对法舰开炮，又命令：没收岸上炮台的弹药，舰上的弹药库，贴上封条加上大锁，把自己的军队当成贼一样防备，而把法国舰队当贵宾，每天给他们送猪羊牛肉。"扬武"舰上官兵听到这道命令，许多人都气得背后大骂朝廷是奸臣当政，狗官掌权，国必受人欺。

张佩纶又在福州鬼混五天，这才回到船政局议事，大家汇报法国舰队有偷击我舰队的可能。他一言不发，

拿起望远筒朝江面观察，不见有异常情况，自言自语说："天下本无事，庸人自扰之。"

"扬武号"舰长张成说："今日早晨，罗星塔方向有一洋人乘舢舨驶向孤拔座舰'伏尔他'号。"立在旁边的詹天佑补充说："吾在'扬武'号桅楼上用千里镜仔细查看。这洋人是法国驻福州领事白藻太，他登舰后跟孤拔密谈很久，神色诡谲。请大人鉴察。"

张佩纶瞪了一眼张成和詹天佑，满不在乎地说："白藻太见孤拔，这是情理之中的事，值得大惊小怪嘛！人家是领事，就像你们来见我一样嘛！"

船政局工程队队长魏汉说："大人，我看情况不妙，白藻太从孤拔处回到城里不久，就有一批洋人急忙上船从海上离去，我看法国人是做开战准备了，我们不能不防，赶紧发放弹药吧！"

张佩纶说："昨天我接到电报，德国首领俾斯麦暗地里支持我方，法

国人不敢轻举妄动！议和有很大进展！你们用不着紧张。"

詹天佑实在耐不住性子，立即说："中法已交兵，越桂边境以及台湾等地早已炮火连天。现在法舰窜入我闽江达几个月之久，不备战，将何以……"

"放肆！嘴上没毛办事不牢，毛孩子懂什么？"

"国家兴亡，匹夫有责。"詹天佑更加激动，他激昂地说："今敌舰孤军深入，我军船械虽为陈腐，但有沿岸炮台支援，江面又可施放水雷，我众彼寡，环彼敌舰，不难聚歼。"

"来人，把这狂徒押下去，革去职务，以肃军纪。"

詹天佑退出后，张佩纶怒气未消，其他管带和守军的将领，都不敢再作声。

空气紧张沉寂，张佩纶感到孤独，他指着"扬武"舰管带张成问着："国际法规定海上交锋须提前几日通知？"

张成回答说："国际法规定，应30天前通知对方。"

"咳！有30之日，本大臣岂不能应付裕如么？而和战大局关系匪浅。秣马一战，何难之有；而干碍和议，取辱更甚。"张佩纶一边说，一边脑子里想起李鸿章的名言："一时战胜，未必历久不败；一处战胜，未必各口皆守。"他转身提高嗓门，重申前令："将校弁兵一律不得开衅启祸，违者虽胜亦斩，勿谓言之不预也！"

"致远号"是从英国购进的，

致远号轻型巡洋舰

1888年制造。排水量2300吨，马力5500匹，航速可达18节，有舰炮23门，舰员202人。在当时来说也算够先进的。

管带邓世昌平时对军舰管理很严，维修保养都是第一流的，对海战的阵法也很有研究，是一位爱国将领。因他严于律己，办事公道，很有正义感，因此深得官兵的爱戴，在舰队中威信很高。

在邓世昌的海军生涯中也有过一段曲折的教训。1881年秋末初冬，北洋舰队"镇"字号四艘炮舰到海洋岛外巡逻。这正是渤海大风大浪季节。当时邓世昌任"镇南"炮舰的管带，这是大清国要建强海军向外购买第一批铁壳炮舰，花银60万两，是从英国买来的。

400吨的炮舰在大风浪季节出海巡航非常艰难。经过一连数天的海上巡逻，舰上官兵极为疲劳，当军舰驶回海洋岛附近海面时，紧张的程度开始松弛下来。因为海洋岛是锚泊地，在风平浪静的海面航行，可安安稳稳地休息一下。可是就在这个时刻，意外的事情发生了。管带邓世昌只觉得舰身猛地一震，随即军舰停止了前进。邓世昌马上意识到，军舰触礁了，他迅速拉响损管警报。随即以他高超的指挥水平，娴熟的驾驶技术，使军舰很快脱离险境，避免了一场更大事故的发生。

"镇南号"炮舰触礁，惊动了北京宫里的李鸿章，他愤怒万分。提督丁汝昌为了严肃军纪，执行军规，给管带邓世昌"撤任"的处分。邓世昌受处分之后，没有怨天尤人，而是认真总结经验，吸取教训，把"处分"当成了干好海军的警示牌，发誓永不重蹈覆辙。同年12月，邓世昌以副管带的身份随北洋海军提督丁汝昌赴英国接收新舰"超勇""扬威号"。经过近七万里航行，两舰安全开回中国。邓世昌又被任命为"扬威号"管带。1887年，邓世昌再度赴英国、德国接回"致远号"等四艘新型快舰，

并担任了"致远号"的管带。

从1881年"镇南号"到1898年"致远号"黄海大战，历任15年的时间里，邓世昌执行多次重大任务，无一次事故发生。可以说，邓世昌是从风浪中滚出来的"管带"。

邓世昌平时对贪官和贪生怕死的军官切齿痛恨。他听杨国成说，在丰岛海战中，方伯谦在"吉野"追赶而来时，曾亲手升起白旗，准备投降，对此邓世昌相当恼火。

那天，邓世昌收到了请柬，方伯谦要举行"庆功宴"，真是恬不知耻。邓世昌开始不想去，这是给北洋舰队丢脸。思考一阵之后，他觉得应该去，要利用这个机会揭穿事实的真相。

提督衙门的大客厅内，仍然是"柔远安迩"牌匾高挂，鼓乐齐鸣，席间放满了各种美酒佳肴，真有点庆功行赏的气派。丁汝昌和各舰管带频频举杯，一副奸臣相的牛昶晒在这种场合，总要往方伯谦脸上贴金，他斟满一杯酒，来到方伯谦跟前："方大人，这头杯酒应献给你，你这趟远航劳苦功高，首战告捷。来，干杯！"顷刻捧场声、碰杯声响彻整个大厅。林永升以厌恶的心情瞪着牛昶晒，他拨开众人的杯子，声如洪钟，将酒杯高高举起："这杯酒，应该献给那些打伤'吉野'的水勇们！"众管带举杯一饮而尽。林永升早已从邓世昌那里了解到方伯谦挂白旗要投降的

真相。

邓世昌开始一言不发，看着方伯谦和牛昶晒如何一唱一和地表演。他实在不相信天底下竟有这种败类，花言巧语，欺下骗上。后来他实在憋不住了，就举杯高声说："诸位大人，今日聚会不是什么庆功，应该说是献酒。如果献酒的话，这杯酒首先要献给宁死不屈，壮烈殉国的弟兄们！"他把酒杯高高举过头顶，把酒轻轻地洒在地上。接着，他说："众位大人，你们知道吗？我们'高升'号的士兵是被这方…方…"他说到这里，泪水模糊了双眼，难过地说不下去。牛昶晒一看事情不妙，眼珠子一转，立即去扶邓世昌，说："邓大人，你酒喝多了……"有意把话题扯开作掩饰："诸位大人，两军交锋，伤亡在所难免，不足为奇嘛。我看，乘大家酒兴，还是请方管带谈谈这次旗开得胜之韬略，好让我们领教……"

牛昶晒作掩护，方伯谦说："这次运兵护航，一路顺风，我们一不招惹是非，二不主动寻找攻击目标，以朝廷'柔远安迩、避战保船'为行动方针。可是日本不讲交情，一见我编队就开炮进攻，万般无奈，我率

'济远'在前，'广乙'在后，保持一字队形，可是'广乙'不听号令，临阵脱逃，我奋力跟'吉野'拼杀，结果'高升'号吃不住日本的炮火，不幸沉没，'吉野'在我猛烈炮火轰击下，只好狼狈而逃，我就率'济远'号返航。"众管带听了方伯谦介绍战斗经过，有些半信半疑，怎么用尾炮重伤"吉野"呢？邓世昌再也沉不住气，腾一下站起来，到了方伯谦跟前，拱手讥笑地问道："我邓大人有一事不明，想请教方大人，你说向

'吉野'号猛烈攻击,为什么不用前主炮,而要调转舰首用尾炮呢?"

方伯谦一听此话,再一看邓世昌严肃而恼怒的表情,他刷地脸色苍白,不安地说:"邓大人,水无常形,战无定规,只要对我有利的阵位,管它前炮尾炮,击中敌舰就行,这叫随机应变。"牛昶晒一听,马上嘶着嗓门说:"对嘛!管它前炮后炮,命中就是好战法!"

"不,事实真相并非方大人所说的那样。"邓世昌气愤地指着方伯谦脑门,吓得方伯谦往后退了几步。邓世昌质问着:"方大人,'高升'号被击沉,是在'吉野'号逃跑之前还是之后呢?"

"当然是之后!"

"既然是'吉野'逃跑之后,你为什么不去救援?你作为护航指挥官的职责是什么?请问,陆军兄弟这一千多条生命到底断送在谁手里?你是有功之臣,还是有罪之人?"

这一下大厅里气氛顿时紧张,管带们从邓世昌的两问中,已经领悟到方伯谦谎报军情,"庆功宴"被邓世昌变成"公审堂"。

方伯谦脸色一阵红,一阵白,双眼叽里咕噜在乱转,他以攻为守,指着邓世昌鼻子说:"你这是有意中伤,是嫉功陷害,你要遇到'吉野'号强敌,你能面面俱到的指挥吗?"

"好,上面两条可以不算,我问你,在'吉野'号追过来时,你为何亲手升起白旗?这白旗在军舰上代表什么?你说——"这一闷棍,把方伯谦击得天昏地转,两手发抖,众管带一听方伯谦升白旗要投降,都怒视着他。方伯谦急眼了,他高喊着:"邓世昌,你胡说!陷害!你有何证据?"

邓世昌冷冷一笑,转身朝门外喊着:"让证人进来!"

话声一落,杨国成进来了。他参拜丁汝昌之后说:我原是"济远号"的炮手,我亲眼看到方伯谦升上白旗向敌人投降!杨国成一五一十把全部经过向丁汝昌诉说。方伯谦眼看没有退路,有口难辩,拔出身边短枪朝杨国成背后要开枪,被邓世昌一把架住。丁汝昌愤怒的指责方伯谦:"这是什么地方,你敢行凶,你有王法没有?"

方伯谦吓得扑通一声跪到丁汝

昌脚前，大呼小叫："丁军门明鉴，千万别信杨国成之言，他父亲是长毛头目，是大清反贼，对大清朝有不共戴天之仇恨，他是陷害忠良！"

丁汝昌听了方伯谦之言，更加恼怒，他一脚踢倒方伯谦，指着鼻子说："不识抬举的东西，杨国成父亲是什么人我比你清楚，是爱国忧民的硬汉子，他送儿子当兵是为保国家？你方伯谦是软骨头，竟敢升起白旗，你……来人，把他押起来。"

后来牛昶晒凭三寸不烂之舌，一个劲替方伯谦说情，使丁汝昌心软了，就原谅一次，使方伯谦逃过了这一关。

在邓世昌看来，在敌前挂白旗有一万种理由也难以接受。

现代巡洋舰的诞生

第二次世界大战结束后，几个海军大国对保留不多的巡洋舰进行了现代化改造，逐步实现武器导弹化、技术指挥电子化和高功率动力装置自动化，造就出面目一新的现代巡洋舰。

1953年，美国率先在"巴尔的摩号"巡洋舰上装设"天狮星-1"反舰导弹，随后又在其他巡洋舰上安装防空导弹和反潜导弹，同时为重型巡洋舰配置了舰载直升机，使巡洋舰的作战能力大幅度提高。

第一艘核动力潜艇问世后不久，美国即开始将核动力装置用于水面舰艇，于1961年建成世界第一艘核动力巡洋舰——"长滩号"。该舰满载排水量17525吨，续航力可达35万英里（以20节经济速度航行）。它还是第一种取消主炮，完全靠导弹作武器的巡洋舰。

1963年，"长滩号"配属"企业号"核动力航空母舰和核动力驱逐舰"班布里奇号"，编成世界上第一支核动力特遣舰队，进行了举世瞩目的环球航行。它们以20节航速，用64天时间环绕地球一周，中途没有进行任何燃料和物资补给。

苏联也十分重视发展导弹巡洋舰。从20世纪60年代初到70年代末，先后研制了四代导弹巡洋舰。从1961年由轻型普通巡洋舰改装而成的"捷尔任斯基"级导弹巡洋舰，到1973年专门研制的"卡拉"级导弹巡洋舰，战斗性能不断提高。20世纪80年代初期，苏联又推出大型核动力导弹巡洋舰——"基洛夫"级，排水量达25000吨，至今仍是俄罗斯和世界上最大的巡洋舰。该舰率先采用导弹垂直发射管进行发射，具有很强的作战能力。过去，由于巡洋舰体积很大，不能全方位旋转和发射，较大型的导弹根本无法在海上进行再装填，作战效能受到很大影响。采用垂直发射系统后，发射导弹的反应时间由原来的每发20～30秒，减至1～2秒，而且可以多枚齐射，全方位攻击。它装备有：①变深声呐；②直升机平台；③30毫米舰炮；④100毫米舰炮；⑤火炮火控雷达；⑥搜索雷达；⑦导弹火控雷达；⑧舰舰导弹垂直发射装置；⑨舰空导弹垂直发射装置；⑩反潜导弹发射装置；⑪火箭深弹发射装置；⑫533毫米鱼雷发射管；⑬声呐导流罩。

至20世纪末，世界上最先进的巡洋舰，当属美国的"提康德罗加"级导弹巡洋舰。1995年3月，美国海军太平洋舰队第五航母大队司令史密斯少将，率领"邦克山号"巡洋舰访问中国青岛军港。该舰舷号CG-52，

是"提康德罗加"级中的第六艘，1987年建成服役，隶属美国海军太平洋舰队第七舰队，通常编入"独立号"航母战斗群，并担任战斗群的指挥舰。应美方邀请，中国海军部分军官登上"邦克山号"，饶有兴致地参观了这艘现代化水平很高的巡洋舰。一位海军上校写下了这样一段观感："一艘满载排水量近9000吨的大型战斗舰艇，通常要在上层建筑上堆积十几部雷达天线，并且在上甲板以上安置各种不同型号的导弹、火箭、鱼雷和火炮。可当我登上'邦克山'并漫步于那宽敞整洁的上甲板时，除舰首的一门127毫米自动火炮和舰尾的两座四联装'渔叉'导弹发射装置外，基本看不到有什么其他武器。登上上

层建筑之后，只能看到前桅那个体积很小的半球形炮瞄雷达天线罩和两部舰空导弹制导雷达天线，以及导航雷达和部分通信天线，往日舰艇上那些密如蛛网般的巨型扇面天线都不见踪影。在舰上军官的指点下，我才发现设在舰首和舰尾上甲板以下的两组导弹垂直发射装置和紧贴在上层建筑外缘的四个八角形相控阵雷达天线的板阵。"

此型舰1983年第一艘服役，计划建造27艘。满载排水量约9600吨，续航力六万海里/20节。确实，四个八角形相控阵雷达和导弹垂直发射装置，是"提康德罗加"级导弹巡洋舰上两个最引人注目的典型标志。一位少校军官热心地向中国同行介绍了这些尖端装备的战术技术性能。相控阵雷达及其武器系统，绰号"宙斯盾"，借用希腊神话故事，意为无敌之神盾，是为了对付苏联海军的"空中饱和攻击"(指各类反舰导弹采用多种手段集中攻击)而针对性装备：①"渔叉"导弹发射架；②127毫米全自动舰炮；③"标准/阿斯洛克"导弹发射架；④直升机平台；⑤鱼雷发射管；⑥导弹火控雷达；⑦对空警戒雷达；⑧"密集阵"系统；⑨舰炮火控雷达；⑩"宙斯盾"相控阵多功能雷达；⑪声呐研制的。相控阵雷达的每个阵面装有4480个辐射单元，采用电扫描方式，不需转动，可对360度全空域监视，能够对付多批次、多方向的空中来袭目标，具有搜索、跟踪、制导等多种功能。

"在海湾战争中，我们的'宙斯盾'首次投入实战，曾为几万架次飞机进行航空引导和指挥，还成功地引导发射了数十枚'战斧'导弹呢！"少校讲到这里，颇有些自豪。他"透露"了这样几个数据：相控阵雷达可同时监视400批目标，自动跟踪100～150批目标，同时攻击12～18批目标，作用距离达370～400千米。

"邦克山号"采用的是MK－41垂直发射系统，前后甲板各八组，共装122枚导弹。可根据作战需要配置"阿斯洛克"反潜导弹、"标准"舰空导弹、"战斧"巡航导弹等，海湾战争中，部署在波斯湾的"邦克山号"也立下了汗马功劳，共发射了28枚射程1300千米的对地攻击型"战斧"导弹，准确命中了预定目标。

俄国阿芙乐尔号巡洋舰

1917年11月7日晚9时45分。俄国彼得堡涅瓦河上，缓缓行驶的"阿芙乐尔号"巡洋舰，主炮慢慢昂起头来，粗大的炮口对准了俄国资产阶级临时政府的巢穴——冬宫。

"立即炮击冬宫！"遵照列宁的命令，"阿芙乐尔"的前主炮，发出了震惊世界的轰鸣！炮口闪出的一团橘红色火焰，像一道金色的闪电，划破了深沉的夜空。成千上万的工人和士兵们，高呼口号，汇集成一股势不可当的革命洪流，直捣冬宫。世界上第一个无产阶级专政的国家在炮声中诞生了。

"阿芙乐尔号"巡洋舰重6731吨，舰长124米、宽18米、吃水七米，主机为三胀式蒸汽往复机，最大功率14710千瓦(两万马力)，动力来源由燃煤式锅炉提供。甲板等部位有防弹装甲覆盖，其厚度为63.5毫

米。主要武器装备有：152毫米主炮八门，75毫米副炮24门，37毫米小口径火炮八门，另有鱼雷发射管三座。编制舰员578人。1900年5月，"阿芙乐尔号"巡洋舰在涅瓦河畔的圣彼得堡下水，当时，沙皇与皇后亲临造船厂，参加了她的下水典礼。

"阿芙乐尔"投身革命之前，走了一段坎坷的航程。1903年，她编入波罗的海舰队服役。1904年2月10日，日、俄战争爆发后，为了增援被日军围困在旅顺港内的远东舰队，沙俄从波罗的海抽调舰只，组成太平洋第二分舰队。"阿芙乐尔号"巡洋舰也在其中。10月16日，"阿芙乐尔"随舰队出航。

舰队以八节的航速驶过大贝尔特海峡和斯卡根角，然后进入北海。10月22日午夜，军舰在夜幕中静静地航行着。突然，炮声大作，阵阵炮火

向"阿芙乐尔"射来。原来这是一场误会。因"阿芙乐尔"掉了队，黑暗中，担任警戒的军舰误将它当作前来偷袭的敌舰，向舰队发出了报警信号，各舰慌忙开炮。炮击过后，才发现打了自家人。这时，"阿芙乐尔号"已身中五发炮弹，一名水手身负重伤。

1905年1月2日，日军攻陷了旅顺港。"阿芙乐尔"跟随舰队历尽艰辛，绕过好望角，于1905年4月14日到达越南金兰湾。5月9日，第二分舰队与第三分舰队合为一股，组成沙俄太平洋联合舰队，挥师北上。5月27日，在对马海峡附近与日本舰队相遇。双方激战一场，沙俄太平洋舰队几乎全军覆灭，总计被击沉战舰22艘，被俘七艘。

"阿芙乐尔号"，被日舰击伤多处，好在主机尚能运转，便同其他三艘军舰且战且退，逃往中立国菲律宾。这些军舰一到菲律宾就被美国人扣留在港内，直至日俄战争结束后，才被放回俄国，重新编入波罗的海舰队。

第一次世界大战期间，"阿芙乐尔号"巡洋舰主要担负芬兰湾一带海域的警戒巡逻任务，配合地面部队保卫彼得堡。1916年，她驶进彼得堡的工厂进行大修。

"阿芙乐尔号"上的水兵有着光荣的革命传统。斯托雷平反动时期,"阿芙乐尔号"在国外航行,受到了侨居国外的俄国社会民主党人的影响,在军舰上成立了革命小组。1916年进厂大修时,又受到工人革命的影响。1917年,俄国二月革命的风暴又一次影响了"阿芙乐尔"上的水兵。他们同工人一道参加了起义,反对沙皇政府。3月13日(俄历2月28日),舰上的水兵在轮机长别雷舍夫的带领下,逮捕了反动舰长尼科尔斯基海军上校,夺取了军舰的指挥权。不久,别雷舍夫参加了布尔什维克党,并被苏维埃革命军事委员会任命为"阿芙乐尔"的第一任政委。四月,该舰成立了由42名党员组成的布尔什维克党支部。1917年11月4日,"阿芙乐尔号"支部作出决定:拒绝执行临时政府下达的任何命令,一切行动听从革命军事委员会的指挥,积极参加彼得堡的武装起义。

1917年11月6日晚,涅瓦河大雾弥漫。"阿芙乐尔号"徐徐驶出工厂的专用码头,根据苏维埃革命军事委员会的命令,去占领尼古拉耶夫大桥,保证起义部队顺利通过,向市区进发。

11月7日凌晨三时许,"阿芙乐尔"驶抵尼古拉耶夫大桥,经过短暂的战斗,军舰上的水兵打退了把守大桥的临时政府士官生。中午,经列宁批准,苏维埃革命军事委员会做出决定:如果临时政府拒不投降,"阿芙乐尔"就开炮轰击冬宫,并以这炮声作为起义部队发起总攻的信号。傍晚时分,冬宫已处在起义部队的重重包围之中。晚六时,苏维埃革命军事委员会下达最后通牒:勒令临时政府在20分钟之内投降!

临时政府的官员接到通牒后,故意拖延时间,企图等待援兵前来挽救他们覆灭的命运。

20分钟后,起义部队冲进冬宫附近的彼得格勒军区司令部,逮捕了司令部里的军官,控制了攻打冬宫的前哨阵地。

晚八时许,革命军事委员会再次下令:临时政府必须无条件投降!

时间一分一秒地过去了。临时政府不仅不投降,并且扣留了革命军事委员会派去的谈判代表楚德诺夫斯基。于是,革命军事委员会遵照列宁的指示,向"阿芙乐尔"下达了炮击冬宫的命令。

"阿芙乐尔"发出了震动世界的一声炮响！

起义部队攻占了冬宫。

此后，"阿芙乐尔号"舰上的水兵又同其他起义部队一起，参加了莫斯科十月武装暴动，摧毁了杜霍宁在莫吉廖夫的反革命大本营。

1923年8月，为了表彰"阿芙乐尔号"巡洋舰的革命功绩，苏联中央执行委员会决定，将一面奖旗授予该舰全体官兵。1927年11月，在伟大的十月社会主义革命胜利十周年前夕，"阿芙乐尔号"巡洋舰荣获了红旗勋章。

1941年6月22日，苏联伟大的卫国战争开始了。当时，"阿芙乐尔号"巡洋舰正停泊在奥拉尼叶巴乌姆港(今罗蒙诺索夫市)。这艘已服役38年的战舰虽不宜直接出海作战，但舰上水兵仍用舰炮，打击德国法西斯。

当德国法西斯围攻列宁格勒时，"阿芙乐尔号"巡洋舰上的主炮被拆卸下来，部署在这座城市的外围，组成"波罗的海舰队独立特种炮兵连"，扼守从沃伦尼山到基辅公路长达12千米的防地。当时有152名水兵参加了炮兵连。这个连因战功卓著，战后被苏维埃最高主席团授予红旗勋章。

"阿芙乐尔号"只留一门前主炮，由留舰水兵组成一个炮兵班，负责守护战舰。军舰不断遭到空袭。敌机的攻击愈来愈猛烈，一颗颗炸弹在军舰四周爆炸。在万分危急关头，留守人员毅然打开船底阀，将"阿芙乐尔号"沉入港湾内的浅水区内，以保护战舰免遭敌机炸毁。

在卫国战争后期，"阿芙乐尔号"巡洋舰被重新打捞出水。1944年8月24日，按照海军人民委员会的建议和列宁格勒苏维埃政府的决定，将"阿芙乐尔号"巡洋舰重新修复。

1948年11月7日以后，"阿芙乐尔号"作为十月革命的纪念舰，永远停泊在涅瓦河畔的纳希莫夫海军学校门口。同时，它也是该校的训练舰。

1957年11月7日，为了纪念伟大的十月社会主义革命胜利40周年，"阿芙乐尔号"巡洋舰上建立了海军中央博物馆分馆。

今天，"阿芙乐尔号"巡洋舰仍静静地停泊在涅瓦河上，涅瓦河水轻轻地抚摸着她那坚硬的身躯。她那三只粗大的烟囱和两只高高的桅杆仍巍然屹立，她那发出震惊世界的轰响的主炮，仍高昂着炮身，黑洞洞的炮口，仿佛欲向人们诉说着什么……

美国最先进的
提康德罗加号巡洋舰

　　"提康德罗加号"是美国20世纪80年代建造的最新最先进的巡洋舰，被称为跨世纪的舰艇。它的最大特色是装有"宙斯盾"作战系统，能垂直发射导弹，是美国防空能力最强的巡洋舰，是为航母编队防空护驾的马前卒。

　　"宙斯盾"，就名字来说，它来自古希腊神话中的神王宙斯的一面宝镜。传说中神土手拿这面宝镜，能力敌百头怪兽。用"宙斯盾"命名作战系统，就是指这个系统具有可同时有效地对付上百个来袭目标的作战能力。美国人用这个名称的系统来保护舰队的安全。它的神秘之处就在这里。美国海军对该系统寄予了很大希望，他们集中了一批专家终于研究成

了这一作战系统。

　　当时，美国海军的主要威力是航空母舰，它的最大威胁来自空中，因此，美国海军担心苏联"基洛夫"式的战舰，突然对美国航母发起导弹攻击，数十枚甚至数百枚导弹一齐飞来，到那时美国航母的确会难以招架。能不能研究出一个系统，在瞬间能发现并对付这数十或数百枚导弹的攻击呢？"宙斯盾"就是在这种背景中诞生的。

　　美国人从1963年就开始研究这个系统，但那时还没有一种紧迫感，因为美国航母多，足够对付苏联。可是到1967年的中东战争时，美国突然焦急了，紧迫感产生了。因为以色列最大的驱逐舰"阿拉特号"被埃及的

小型导弹艇的导弹击沉了，创造了小艇打大舰的战例。美国人担心航母完全有可能被小艇上众多的导弹所攻击。因此，美国海军在积极研制反导弹兵器的同时，还投入了更多的资金和技术人员，研制"宙斯盾"作战系统。

海军建议"宙斯盾"系统最好装备核动力巡洋舰，并建议先在"长滩号"上试验，但国会审查此方案时没有通过，理由是核动力巡洋舰太昂贵、花钱太多。只批准装在驱逐舰上。后来只好在"诺顿峡号"驱逐舰上试验。1980年1月21日，第一艘"宙斯盾"系统首舰"提康德罗加号"才正式建造。其排水量达9600吨，其作战能力实际上比巡洋舰还要强，因此，海军将其重新定为导弹巡洋舰。

美国航母的防空系统是由三层组成的，第一层由航母舰载机担任，在外围把来袭目标击毁。对突破舰载机的飞机和导弹，就由航母战斗群的护卫舰只上的中程舰空导弹组成的区域

防御网来拦截。对连续突破第一、第二防空网的来袭目标，则要由舰上的近程防空导弹和火炮组成的第三层点防御网来摧毁。"宙斯盾"的任务属于第二层防御网范围，它扮演了区域防空的主角。

跟"宙斯盾"匹配的，是相控阵雷达。传统雷达天线是靠旋转来搜索目标，这对今天的快速目标来说很不适应，搜索速度太慢了。而相控阵雷达天线有四个面，在对空方位上能覆盖从水平面到天顶，整个天线能形成以舰体为中心的一个半球形搜索区，前后左右合在一起就能实施全方位监视，没有死角。"提康德罗加号"应用的就是这种雷达。

"宙斯盾"系统可汇总舰上雷达、声呐、电子战系统传来的信息，用四台电子计算机分析判断目标的威胁程度，并决定是否对目标实施攻击。同时它将判断的结果传给武器系统，武器系统立即选定应用何种武器。若目标是舰艇，武器系统就发射"战斧"巡航导弹、"渔叉"反舰导弹；如果临近的目标是反舰导弹，武器系统则启动近程武器系统。可见，"宙斯盾"不是一台简单的仪器，而是由许多系统组成的一个集合性系

统，它极大地提高了军舰的快速反应能力。据说"提康德罗加号"巡洋舰，同时能处理18个目标的信息。与没有"宙斯盾"系统的舰艇相比快速反应能力提高六倍。这就是"宙斯盾"的神秘之处。

"提康德罗加号"排水量9400吨，舰长172.8米，舰宽16.8米，航速30节以上，用20节速度航行续航力达6000海里，舰员编制358人。它除装有"宙斯盾"之外，其数目极大的导弹也是超群的，而且它有垂直发射系统，计122枚导弹。它还可以混装"战斧"对地或反舰巡航导弹和标准防空导弹；另外舰上还有两座四联装八枚"渔叉"反舰发射装置；两座双联装"阿斯洛克"反潜导弹发射装置。美国海军头目说，"提康德罗加号"要在今后20年内保持世界领先水平。美国海军对这批巡洋舰，不断地进行改进，现已建成了一级具有高度

防空能力和攻击能力的新型巡洋舰。

在海湾战争中，"提康德罗加"级巡洋舰发挥了很大作用，成了航母群中作战的多面手。它首先为战斗群舰艇提供了防空保护，发挥了它测距远，容量大，反应速度快的优点，为战斗群提供了情报。它利用标准防空导弹数量多的优势，有效打击来袭目标。在攻击陆上纵深目标时，它也发挥了巨大作用，它有122个导弹发射箱，有的舰全部装上"战斧"导弹，成了海上的攻击手。

可见，"提康德罗加"级巡洋舰，的确是最先进的跨世纪巡洋舰。美国海军所说的"三件宝"，在它身上都配备了，这就是：宙斯盾、"战斧"和导弹垂直发射系统。

"哥德堡号"是瑞典20世纪90年代服役的护卫舰，它小巧玲珑，但火力很强，设计新颖，采用喷水推进。它的服役引起许多国家的兴趣。

瑞典护卫舰——哥德堡号

"哥德堡号"排水量满载时只有399吨，舰长57米，舰宽八米，可以说它是世界上最小的护卫舰。它担负的主要使命是：在中、近海单独或与其他海军兵力一起，攻击敌水面舰艇和运输船只；在港口、近岸海区水域布放水雷；在近海搜索和攻击敌潜艇；为运输船队护航；在海上巡逻、警戒和侦察以及对遇难船只搜寻和救护等。

别看它小，却采用了当今世界上舰艇设计的许多新技术。舰型采用圆舭舰型，适合于在波涛汹涌的波罗的海航行。整个舰体采用高强度钢建成，采用纵向构架，有较强的抗外部破坏作用的能力。一些重要的舱室都设在甲板之下，离机舱较远，如作战指挥中心、无线电室等，它们既有较好的防护，又可免除机舱噪声干扰。

别看它小，其武器火力却很强。

在反舰方面，左右两舷设有四联装导弹发射装置，萨伯导弹弹头重150千克，航速0.8马赫，可攻击70千米以内的海上目标；该发射管可发射鱼雷，其航速可达45节，航程15千米。

在防空作战方面，前甲板有一门75毫米的火炮，可发射220发/分，可攻击17千米之外的目标。后甲板有一门40毫米火炮，330发/分，可攻击12.5千米内目标。这些火炮都是快速和高平两用炮。

在反潜方面，主要武器是鱼雷。右舷设有四个鱼雷发射管，首尾各两个。此外还有两部深水炸弹发射器，投掷距离300米。该舰两舷舷梯旁各有一个水雷滑轨。必要时，可布放水雷。

在电子战方面，舰上也装有电子支援设备、电子干扰和对抗设备。从这里可以看出"哥德堡号"火力不但强，而且齐全，它可以反舰、反潜、防空，也可以进行对岸攻击，是一种综合性的护卫舰。

"哥德堡号"的最大特色，是吸收了世界上舰艇隐形新技术。它本身小巧玲珑具有隐形性，在外形设计上尽量避免90°的直角垂直面，上层建筑略微倾斜，转角处较平滑，这就使敌人雷达反射波减小，难以发现。它的废气排出，不是在干舷外，而是在水下，敌方红外侦探器就难以发现。

在噪声降低方面，它采用一系列新技术。该舰的主机、齿轮箱及其他辅助设备，凡是震动较大部分，都采用弹性安装法，底座采用柔软减振技术，使机械不直接跟舰体接触，这样噪声就大大减小。

该舰最早采用喷水推进技术，这是一种依靠舰艇尾部喷出的水的反作用来产生推力推进方式。它不用螺旋桨，而是在舰艇尾部设置一个或几个大流量喷水泵，喷水泵将依靠主机传递的机械能将流入泵内的海水转变为高速水流向后喷出，从而推动舰艇前进。

喷水推进，不但能使传动机械部分简单化，增强可靠性，降低造价，减少噪音，而且使调节航速的幅度增大，使加速和急停变得更加灵活敏捷，便于操作。此外，还能改善舰员的生活条件，使他们不易疲劳。可见，"哥德堡号"的确是新颖别致，小巧玲珑，很有特色的先进护卫舰。

542号封闭型导弹护卫舰

542号导弹护卫舰，是我国自行研制的第二代导弹护卫舰，装备了反潜直升机和对空导弹，是指挥系统自动化，快速反应最灵敏的一种战斗舰艇，有两千余吨。是人民海军20世纪80年代水面作战舰艇中的主力舰。

我国海军护卫舰说起来已经有三代了，第一代是火炮护卫舰，后来我国反舰导弹和舰上发射系统研制成功后，对这些常规护卫舰进行了改装，成了第一代导弹护卫舰；第二代是国产导弹护卫舰，主要武器是反舰导弹；第三代是国产封闭型护卫舰，有了防空导弹，有了反潜直升机，542号护卫舰就属于这种第三代护卫舰，从完全国产化来说，它又属于第二代导弹护卫舰。

542号导弹护卫舰有些什么特色呢？所谓封闭型是指两舷见不到舷窗，属于桥楼全封闭结构，修长的身躯，美观而新颖的外形，跟过去护卫舰相比，有点鹤立鸡群，令人注目。其最大特色还是舰上六大系统全部自动化。主机可以采取三级无人操作，主副炮可以实施全部自动射击；现代化作战指挥中心可同时对天空、对海面、对水下立体作战，既可各自为战，又能组成一体作战，并且具有良好的五防系统(防空、防舰艇、防潜艇、防水雷、防核化生物的攻击)。它具有快速灵活，抗风力强，水密性能好，贮备浮力大，稳定性好，作战半径大，全天候作战以及整体结构强等特点。

在生活设备方面也有很大改进，舰员们的居住条件较好，舱室宽敞明亮，有全套的封闭电视系统，有休息室、餐厅、游艺活动室等，生活设备布置得美观舒适，而且合理高雅。跟解放初期第一代护卫舰相比，有如天堂了。

隐形护卫舰——拉斐特号

20世纪90年代之后，世界一些国家陆续研制出隐形军舰，多数还是试验型的，但也有正式服役的隐形军舰，如法国的隐形护卫舰"拉斐特号"和以色列的"埃拉特号"。它们一亮相，就引起军事专家和兵器专家的注目，被称为现代化舰艇的新星。

隐形军舰的最大特点，是要千方百计减少敌方雷达的反射波，过去军舰的最大问题，是隐形性差，上层建筑和舰体到处都有直角的垂直面，这种外形使敌方雷达的反射电波很强，最容易被敌方雷达发现。在导弹发展的今天，这种舰型最易首先遭到攻击，生存力受到威胁。20世纪80年代之后，军舰隐形就成了各国海军研究的重大课题。

法国和以色列的兵器专家，投入的人力和财力比较多，因此走在世界前列。法国的"拉斐特号"的外形就完全突破了过去军舰的造型，有些奇特，几乎找不到直角的外形，上层建筑也寥寥无几，使人耳目一新。

科学家研究发现，雷达的探测距离与目标反射面积有一种比例，如果反射面积缩小1/2，雷达探测距离就会减少80%左右；如果反射面积缩小1/100，雷达探测距离减少30%左右。英国和美国20世纪80年代设计制造的一些护卫舰，上层建筑外壁倾斜度一般在七度左右，隐形性就大大增加了。而法国的"拉斐特号"则加大到十度，舷外倾斜度达到20度，因此隐形性更加好。

"拉斐特号"护卫舰载有直升机，在试航中几次在空中用雷达寻找母舰，却怎么也找不到，无法在母舰降落。后来是专门放下网帘，是钢丝制品，跟甲板成一定角度，增加雷达反射面，直升机的雷达才找到母舰。

可见，隐形性能是相当好的。

"拉斐特号"还把起锚机、导缆桩，缆索卷车都安装在甲板以下，尽量减小甲板上暴露的上层建筑，连舰上的栏杆也取消了，只留直升机场上的部分栏杆。小艇和吊放架，都放到了驾驶台的里面，桅杆、烟囱、导弹发射架，都有倾斜罩，见不到直角，因此雷达反射面大大减少了。舰上发热的部位，如烟囱，也不用钢板，而是用玻璃纤维增强塑料，涂以防热特殊材料，这就抑制了红外辐射的强度，增加了隐形性。

为了减少主机震动带来的噪音，该舰的推进器和舰体底层也采取了一些措施，装有"气幕"系统，以形成隔声的"幕罩"。

以色列"埃拉特号"上层建筑的设计比法国"拉斐特号"更胜一筹。该舰的反射面积已减少到最小，航速也比"拉斐特号"快多了，可达33节，而"拉斐特号"只有25节。

无论法国的"拉斐特"还是以色列的"埃拉特号"护卫舰，都有一个共同的特点，即武器装备精良，真正做到"少而精"。

"拉斐特号"排水量3600吨，舰长124.2米，水线宽13.6米，吃水4.1米。它的最高航速是每小时25海里。

"埃拉特号"更加轻巧，排水量

只有1227吨，舰长85.6米，最大航速每小时35海里。

"拉斐特号"对海武器有两座四联装的"飞鱼"反舰导弹，布置在中部上层建筑顶上，配弹八枚。导弹战斗部165千克，射程70千米，飞行速度0.9马赫，掠海飞行。该舰还装有一门自动炮，安装在舰首甲板，每发弹重13.5千克，射程17千米，可容纳炮弹600发。驾驶台两侧还有两门20毫米人工操纵的火炮，射程10千米，可发射720发/分。直升机装上反舰导弹时，也可执行反舰任务。

"拉斐特号"的对空武器是两座八单元"紫菀15"防空导弹，可垂直发射，布置在驾驶台前的平台上。有的用"响尾蛇"简装导弹，共八枚，射程13千米，飞行速度3.5马赫，此外还有100毫米防空炮，发射80发/分，两舷还有两座"达盖"十管诱饵发射装置，可发射金属箔条或红外诱饵。

反潜任务主要由反潜直升机担任。舰上电子设备更为精良，有先进的"海虎"警戒雷达、"海狸"火控雷达、导弹制导雷达、"雷

卡"导航雷达，还有卫星通信天线和电子战设备。

"埃拉特号"对海武器有两座四联装的"捕鲸叉"反舰导弹，烟囱两侧还有八枚"加伯列"反舰导弹，舰首还有六管20毫米近防炮。防空武器有"巴拉克"近程对空导弹，可垂直发射，在舰首和烟囱后部，每处32个单元。反潜武器有两座三联装鱼雷发射管，舰上可载反潜直升机。

从以上这些武器装备可以看出，"埃拉特号"尽管装备不多，但攻击火力还是相当集中，具有对海、防空、反潜三大功能，而且具备三防能力：防原子，防化学，防生物战。"少而精"的目的，很大程度上是为了减少上层建筑物，是为了隐形。

当然，这些隐形军舰的现代化色彩较浓，但都没有经过战场考验，其性能到底如何还有待战争检验。

导弹护卫舰——海狮号

"海狮号"是一艘与当今世界上所有护卫舰截然不同的舰型，是独一无二的表面效应型战斗舰。它一出现在黑海上，那独特的外形，那林立的武器，那破浪前进的雄姿，都使西方军事家关注。把它称为"黑海怪物"。

"海狮号"是1985年建造，1988年开始出现在黑海上。它舰长64.5米，宽17米，排水量750吨，最高航速可达40～55节，最大续航力500海里，编制舰员60名。

何为表面效应船呢？它类似侧壁气垫船，属于全垫升气垫船的范畴，不同的是它仅在首尾有柔性围裙。船型呈双体形，两侧则制成钢性体。航行时，强大空气流在双体之间流动，产生超压将船体托起，从而可大大减少水的阻力，大幅度提高航速，而钢性侧壁始终处于浸水状态，因而具有很好的密封效果，空气损失较少。地面效应的原理是飞机降落在地面时，飞机有种上浮托起的现象，这就是飞机和地面挤压时，形成的一种下翼面压力增大，从而使升力大大增加。这就是"地面效应"现象。科学家就是利用这种原理制造了地面效应飞行器、地面效应舰船。

跟排水量相同的舰船相比，"海狮号"到底有些什么优越性呢？它具有纵向稳定性，对侧风不敏感；它适合多种推进方式，例如，螺旋桨和喷水推进；它航速更快，适航性更好；它吃水浅，不易受水雷和鱼雷攻击，生存力强；它甲板宽阔，搭载武器多。

苏联20世纪70年代就对表面效应型军舰有了兴趣，进行了长时间试验，突破了许多难题，走在了世界前列。德、法、日、美、英也都在研究试验此类船，但吨位都在30吨左右，最大的有250吨，而"海狮号"却突破700吨大关。苏联之所以要研究此类舰船，是因为其海岸线长，"海狮号"能快速执行近海巡逻和警戒任务。该舰既可单独行动，也可与其他兵力一起对付来犯敌舰的攻击，既可保护近海资源不受侵犯，还可对救护和缉私发挥作用。

"海狮号"最神秘的装置是它的推进系统，它采用柴油机和燃气轮机联合动力装置。平时，两根推进装置支架，包括上面的螺旋桨装置垂直安放在舰尾两舷的壁龛里，排水航行时又可离龛向下旋转插入水中，从而发挥推进作用。这种推进系统世界上还没有先例，它是苏联的独创，这套装置及其技术至今还是个不解的谜。

也许有人会问：这么小的排水量，舰上能装什么武器呢？说起来也很神秘，它的火力配备几乎跟排水量十倍于它的驱逐舰差不多。它有两座四联装的反舰导弹发射筒，能攻击22～60海里之内的目标。舰上配备的反舰导弹是一种掠海飞行的导弹，采用固体火箭发动机推进，该导弹还可携带一种常规短距核弹头。

舰上还有一座防空导弹发射装

置，备弹20枚，射程15千米，射高6000米，弹头重50千克。

该舰还有全自动高平两用76毫米火炮一门，射速120发/分，射程7千米，射高1万米，弹丸重16千克。舰上还配有两座近程反导火炮，每座六管，可发射3000发/分炮弹，可对付两千米外近距离来袭目标。

"海狮号"的电子战装备也是够先进的：两座十管干扰弹发射装置，两座电子对抗装置。

"海狮号"上各种雷达也很先进齐全，有对海警戒雷达、导弹制导雷达、火控雷达、海上监视和导航雷达以及通信雷达和敌我识别雷达。

远望3号战胜狂风巨暴

"远望"3号航天测量船，主要使命是跟踪、测量运载火箭、人造地球卫星及其他航天飞行器运行情况，作出精确的航天测量，为我国的航天事业的发展作出了巨大贡献。1999年中央军委授予"远望"3号集体一等功。

"远望"3号测量船排水量万余吨，船长190米，最宽处20多米，满载时可达两万多吨。船上有九层舱室，仅下甲板的工作和生活用舱有400余间。舱室的面积相当一幢两万平方米的大楼。它的最大航速每小时20海里，可以在南北纬65度以内的任何海域执行航天测量任务。它自带的淡水和燃油，可供船绕地球连续航行一周。它拥有的电力，如转输给城市，可供几十万居民生活使用。

"远望"3号船上，为了保证船员顺利地完成航天测量任务，生活设置比较优越。全船有舒适的沙发床400多张。会议室和俱乐部，桌椅整洁，壁上挂满艺术品。300多平方米的大餐厅，是全船集会、娱乐的场所。后甲板上有直升机起落平台，平时也是船员们锻炼身体的场所。船上各舱室都有空调设备、船航行到赤道时，室内也照样舒适如春天。

"远望"3号主要设备是电子测量仪器，观测、通信、导航的各种仪器数以万计。经观察到的各种参数，对于分析飞行器飞行轨道、确定落点精度、进行遥控回收、研究飞行器质量等等，都十分重要。一般说来，航天测量的主要内容有："内弹道测量"，即借助无线电遥测和回收等手段，获取航天器在飞行期间内部各种仪器设备、工作状态的记录数据，如压力、温度等等；"外弹道测量"，是利用光学、雷达及其他电子仪器设备，观测飞行器的姿态和运行轨道等物理现象；"落点测量"，就是测出航天飞行器返回地面的落点位置；此外，还有其他辅助性测量。我国的航天测量船，就是一艘几乎具备了所有航天测量设备和手段的远洋巨轮。

为了确保船位准确无误，船上安装了惯性导航的导航定位设备。测控系统作为对航天飞行器跟踪测量的主要部门，不仅有大型电子计算机和各种现代化的监视、控制、调度设备，能自动运算处理各种测量数据，及时把条件指令发往各个环节。像"远望"3号这样的航天测量船，世界上是为数不多的。难怪"远望"3号在太平洋一出现，就引起世界广泛注意。

"远望号"的名字是怎么来的呢？说来树有根水有源。它寄托着我国老一辈无产阶级革命家的殷切期望，也展示出这些革命家的雄才和胆略。

叶剑英同志1965年秋在大连棒槌岛写了题为《望远》的七律一首。毛泽东亲笔抄下这首词，并赠给叶剑英。测量船定为"远望号"，起源就在这里。镶嵌在船头的"远望"两

字，就是毛泽东同志当年的手迹。那洒脱、苍劲、刚健的字迹，不仅鲜明地体现了诗的意境，而且恰当地表达了测量船远航万里，高瞻远瞩，天涯追踪航行飞行器的不凡气质和性格。

张爱萍同志还专门为"远望号"填写一首词《诉衷情》："健步登上海重楼，看多少风流。神臂、妙手、慧眼，明察五大洲，良辰到，驾飞舟，远洋游。乘风破浪，天涯追踪，誉满神州。"

"远望号"是20世纪70年代末建成下水的。早在1965年，周恩来总理运筹帷幄，向航天部门提出建造两万吨级高标准海上测量船的宏伟设想。当时由于"文革"的混乱，这一计划被延误下来。直到1972年，周总理委托叶帅负责，对设计的总体方案重新进行论证。当时在经济并不宽裕的条件下，也正是航天事业关键时刻，叶帅和聂帅代表广大科技工作者，也代表中国人民作出了坚定的回答："我们有困难，但要硬着头皮上！要知难而进，不能知难而退！"多么英明的决断，数十年后的今天，再回头看

看这一决策，老革命家们的战略眼光是多么高瞻远瞩，没有当年的艰苦自强，哪有今天与西方强国争高低的航天事业，哪有洲际导弹升太空的威慑力量。

"远望"3号主要是在海上跟踪测量航天飞行器的飞行情况，而且一般都在远海大洋，因此经常会遇到大风大浪考验。

1984年第一颗同步卫星发射的跟踪测量时，"远望号"就多次遇到恶劣天气。

到太平洋的第三天，他们进入了规定的海区。海水蓝得像蓝黑墨水，透明而又发黑。船首像把锋利的刀，切开了万顷惊涛，击起的浪花像牛奶似的雪白，刷刷在两舷滚动。太平洋的气候说变就变，平静时，像面镜子，船像只鸭子在浮动；发怒时，像猛兽在格斗，浪头扑过16米高的驾驶台，每一个冲击，都像重磅炸弹在船舷爆炸，震得船嗒嗒发抖，好像龙骨要断裂。有时一天变几变，早晨还是彩霞满天，万里无云，眨眼，云和风像从海底钻出来似的，很快包围天空，

一下子就乌天黑地，白浪席卷千里，万吨大船像个喝醉了酒的大汉开始狂舞。更有趣的是，有时船前甲板上阳光灿烂，而后甲板却是倾盆大雨。

第五天的傍晚，船正在测量海流，突然气象分队长焦急地来到驾驶台，把一份气象报告递给船长："离我们前方400千米，第17号台风，每小时以十千米速度向我们移动。风力11级以上。"人们一听，脸色霎时阴沉，刚才还热烈交谈着明天调试计划，此刻鸦雀无声。

夜漆黑漆黑。狂风巨浪冲刷着甲板，扑打着驾驶台，船高速地开着，不时哒哒哒地在抖动，狂风带雨点，像铅弹倾击着有机玻璃。发疯的巨浪像千万只恶魔，嘶喊着把船一会抛上天，一会按进浪谷深渊，一会扑向驾驶台，像要把船咬碎撕烂，拧断。船长坐在高凳子上，紧紧抓住扶手，死死盯着前方。他心里明白，这是生命的拼搏，这是跟大洋里魔鬼决斗，稍偏航，就会被带进阴森可怕的"黑洞"。船长不时问着雷达情况，航海长不时查看海图、观察罗经，卫星班不时报来船位。全船干部战士都投入

在一场特殊的激战中。

在下舱房间里，谁也不敢合眼。大浪像万吨汽锤，猛烈敲击，钢板发出一种刺激神经的嗡响声。平时最爱逗闹的老兵，此刻都屏声敛息，一双双恐惧的眼睛，透过玻璃窗，望着那群魔狂舞的黑暗世界。所有的人，此刻好像信起上帝，默默在祈求保佑平安。

经过八个小时的高速航行，船终于抢在台风前头穿越路径。离天亮前两个小时，气象分队送来台风预报，17号台风果真转向西北了。船进入了台风的安全半球，钻出了台风眼。虽然人们一夜没有合眼，但激战的胜利，却使人们的脸上挂起笑容。

航海长立在舰桥上，发现一只巨大的信天翁，他轻轻地说"莫非你真的是圣鸟，保了我们平安"，当回到驾驶台时，发现船长裹着毛毯，坐在高凳上睡着了，嘴角露出一丝微笑。他太辛苦了，别叫醒他，让他睡一会吧！

这就是"远望号"数十次战胜狂风巨浪中的一次啊！

J121号打捞救生船

"J121号"船主要任务是海上打捞救生，因此它的设备也有特殊性。有救生小潜艇、潜水钟、减压舱、压缩空气系统、氦氧氮系统、定锚位系统和电力绞盘等等。除较齐全的打捞救生设备外，还有导航、通信设备。为了保证定位的准确性，为了及时捕获打捞救生目标，还必须备有导航雷

达、直升机用的雷达，以及罗经、计程仪、测深仪和定位仪等等。

在执行援救任务时，对于在一定水下遇险的失事潜水艇，该船可对失去上浮能力的艇员实行水下救生脱险，它可向失事潜艇内输送高压空气，以排出潜艇的压载水使其上浮；也可向失事潜艇内提供食物、器材等。必要时，该船也用于打捞沉船。

该船上的深潜救生艇，是专门用来援救失事潜艇的艇员，它可以自航，艇下有对接裙，可跟失事潜艇进出口对接，把接口钟内的水排干后，潜艇打开进出口舱盖，艇员就可直接进入深潜救生艇内，每次可救出12个艇员。如果潜艇沉没时倾斜角度大，无法对接，也可实行湿救，艇员从潜艇内着潜水装具出来，然后进入救生艇，因为这种救生直接跟海水接触，因此称为湿救。船上搭载两架直升

机，必要时可以用来补给食品和运送伤病员。

潜水救生钟，呈圆柱状，下部对口用围裙，可与失事潜艇对口以营救艇上人员。但救生钟没有动力，不能自航，使用时母船要抛锚定位，用母船上的起重机将其吊放、回收。

潜艇在海底失事水深程度不同，不超过60米时，可用压缩空气，超过60米时，需供氦氮氧混合气体。因此船上专门配有潜水控制站，不同的水深，提供不同的气体。船上的压缩空气和电动绞盘等，亦可用于向打捞沉船用的浮筒充气并使其系留。

总之，远洋打捞救生船，能为潜水作业、打捞作业、水下救生作业提供各种各样保障，它专门为失事的舰艇提供安全保障，使其恢复战斗力。

国产的远洋打捞救生船，是人民海军最先拥有船载直升机的船，因此完成了一系列特殊使命。首先在1980年4月参加了南大洋运载洲际火箭的发射试验工作。远洋救生船的主要任务，除保障远航舰船的安全之外，主要是负责打捞弹头上的数据仪器舱。

1984年6月，海军远洋打捞救生船参加了南极建站，又立下丰功伟绩。它不但闯过西风带的"魔鬼区"，接着又穿越被誉为航海家坟墓的"德雷克"海峡，战胜了狂涛巨浪，战胜了一座座巨大的冰山，终于安全到达目的地——南极。

船上的指战员又在风雪中帮助国家海洋局建起长城站，而且完成了一些特殊任务。

考察队员和海军突击队，夜间急需要用电取暖，用电照明，而两台2.6吨重的发电机还在船上，该轮到直升机唱戏了。

指挥员问于志刚："有把握吗？"

于志刚是我国第一代船载机飞行员，曾参加过两次运载火箭试验中的飞行，海上飞行时间已达1500小时，称得上"老资格"。来南极后也进行过着船十多次的探索，心里已经有底，因此他对指挥员回答："放心吧！我有把握完成。"

上午11时，于志刚和战友们，在风速11米／秒情况下强行起飞。179号直升机沿着事先侦察过选择过的航线飞了一个回合。当飞机快要接近甲板上空时，机组地勤人员迅速把一只木箱装着的发电机推到平台中心。

于志刚看到了目标，稳稳地把飞

机驶到甲板平台上空，旋停在200多米高度上。吊索放了下来，地勤人员在猛烈旋风下，神速地把木箱的钢缆系到吊索的保险扣上。

站在旁边的海军指战员，屏住呼吸，观看179号直升机如何把这庞然大物吊起。发电机是人们在南极生存的生命之火啊！于志刚镇静、沉着，一丝不苟，全神贯注操纵。他紧握操纵杆轻微拉动一下，飞机便呼啸着从旋停状态改为向上飞升，发电机被吊离甲板，人们心头的大石也悬空了。经过50分钟的惊险战斗，两台发电机终于安全地运到工地。

夜里，发电机响了，所有帐篷，房屋里，顿时送束一片光明。考察队员和海军突击队官兵顿时欢腾起来。

1月21日下午2时30分，于志刚和战友们驾机载着20多名考察队员，沿着乔治岛的海岸线缓缓飞行。摄影师们把眼底下充满神奇色彩的冰川、雪原、露岸、岛礁和海上的流动冰山、浮冰以及海豹群、企鹅群，收入镜头。当飞机来到靠近布勒岩群岛附近的上空时，一阵突如其来的猛烈气旋，把179号直升机从上千米的高空直往下卷……

"报告，179号直升机失踪了！"船上雷达员惊慌地喊了起来，指挥员们一把按住胸口，心快要蹦出来了，天啊！难道失事了吗？极地冰盖飞行，本来就是禁区，每年平均有两架飞机在南极坠毁，难道179号也……

"报告艇长！看到了179号升上空中了。"人们随着这一声报告，顿时脸上的乌云化开。179号机战胜气旋，安全地回到J121打捞救生船甲板平台上。机上和船上的人们拥抱起来。

1985年2月14日22时，中国第一座南极科学考察站——长城站，在人民海军J121打捞救生船的支援下，终于建成了，考察编队给北京发去电报，向党中央、国务院、中央军委和全国人民报告了这个振奋人心的喜讯。26天前这里还是乱石遍地的荒野，如今已变成了一座房屋幢幢、道路纵横、铁塔林立的"科学城"。

拉菲号

　　"拉菲号"是美国第二次世界大战中的驱逐舰，它参加了大西洋、太平洋两个战场上的海战，功勋卓著，曾击落敌机20多架，被誉为"不沉舰"，曾获美国数枚战役铜星纪念章，成了美国海军博物馆里的历史名舰。

　　"拉菲号"驱逐舰，是属第二次世界大战中美国建造的第二批驱逐舰，称为"萨姆纳"级，共建58艘，"拉菲号"就是其中一艘。它1943年6月建造，年底就出厂服役。它的标准排水量2200吨，满载排水量3300吨，舰长114.8米，舰宽12.4米，航速33节，15节航速下续航力6000海里。该舰编制人员350人。

　　它的主要武器装备有：三座六门双联装127毫米主炮，可高平两用；12门40毫米高射炮；多门20毫米高射炮；5个鱼雷发射管；多座深水炸弹

发射装置。它后来经过多次改装，战后配有两架无人操纵的反潜直升机。

　　1944年5月，"拉菲号"来到英国，很快投入诺曼底登陆战的准备。开始该舰护送一些小型舰船到登陆集结点。6月8日以后，它就冲到前沿阵地，用火炮猛烈向德军阵地射击，支援部队登陆。6月12日那天，德国一群鱼雷快艇疯狂地向"拉菲号"和另一艘驱逐舰发射鱼雷。"拉菲号"舰长眼尖手快，操舰有一套本事，他成功地躲过德鱼雷艇四条鱼雷的攻击。"拉菲号"舰长集中所有炮火，向鱼雷艇队攻击，用弹墙雨幕阻挡住鱼雷艇的前进，并冲散了敌方队形，把鱼雷艇驱逐出战场。它首战立下头功。

　　1944年8月，"拉菲号"通过巴拿马运河，9月18日回到珍珠港。它编入第38特混编队的掩护部队，从此，它参加了太平洋战争。它曾一

度为舰队担任警戒护航，曾一度用炮火支援登陆部队，还曾为前沿运送登陆作战物资，最后它还参加了冲绳大血战。

1945年4月14日，"拉菲号"奉命前往冲绳岛以北30海里充当雷达前哨舰，这是敌机攻击的首当其冲舰。16日这一天，是"拉菲号"死里逃生英勇血战的难忘日子。日军共派出165架飞机，其中很多是自杀飞机，分成三批向美舰队攻击。

8时27分，"拉菲号"上空出现50架日机，美国巡逻舰载战斗机迎空冲杀，一架架日机被击落。"拉菲号"无法向空中射击，怕打中自己的飞机，只能是观战。

突然间，两架自杀飞机不顾一切地向"拉菲号"直撞而来，拉菲号舰长下令集中炮火射击，所有火炮对准这两架日机，六秒钟之后就把两架自杀机击落坠海。"拉菲号"刚松了一口气，三秒钟之后又有20架自杀日机从四面八方朝"拉菲号"冲来。舰上又响起猛烈炮火，左舷两架敌机被击落，舰尾又击落一架，可是，那个时候还没有电脑和"密集阵"，也没有导弹，全是靠人工操作的火炮，一时要对付如此多的亡命之徒，实在是难上加难。

8时45分时，一架自杀机呼啸而来，像支黑箭，垂直地从空中而下，正好撞在"拉菲号"上层建筑一座20

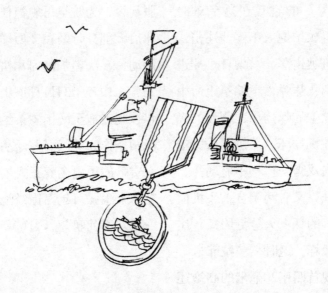

毫米的高射炮上。轰隆一声巨响，飞机把高炮炸得飞上天去，接着又有一架自杀飞机，贴着海面朝舰尾冲来，撞在127毫米的炮塔上，飞机上的炸弹引起了炮塔内弹药库的爆炸。一个火球腾空而起，高达60米。炮塔内的所有炮手，都被炸得血肉横飞，有的在一瞬间被烧成炭了。紧接着，又有一架自杀飞机呼啸而来，轰隆一声撞在右舷三号炮塔上，飞机的燃油和碎片变成千万个小火球，撒落在甲板上，顿时燃起熊熊大火，浓烟笼罩着全舰。许多舰员身上着火，纷纷跳进海里。舰长下令损管队立即灭火，可是火势太大，难以隔断，大火又引起一些弹药箱爆炸。

"拉菲号"的官兵在这危难时刻，沉着冷静，用炮火不停地还击，又有几架敌机被击落。一架日机冲进弹网，投下两枚炸弹，不偏不歪命中一座20毫米火炮的弹药库，剧烈的爆炸把军舰的舵机炸坏，"拉菲号"就好像顿时失去双脚一样，不能动弹。敌机更加疯狂，又有两架自杀飞机撞到"拉菲号"的身上火势更凶猛，尾部火炮全部毁坏。这时，"拉菲号"全舰只剩下舰首四座20毫米的高炮还

在吐着火舌，拼死战斗。

战斗前后进行80分钟，"拉菲号"遭20多架自杀机的围攻，其中五架撞中舰身引起爆炸，同时被四颗炸弹命中。"拉菲号"也击落九架自杀机。"拉菲号"损伤严重，但都在二号烟囱后面，舰尾进水下沉，舰员伤71人，亡32人。

但是这艘英勇的驱逐舰没有沉，奇迹般的又回到关岛，经过修复，1945年10月又正式服役。1946年2月21日，"拉菲号"参加了比基尼岛的原子弹爆炸试验，负责收集试验中的科学数据。1947年6月退出现役，成了太平洋后备役军舰。

朝鲜战争爆发，它又重新改装后服现役，为航空母舰担任保驾护航。此后大部分时间在大西洋和加勒比海活动，多次参加演习和执行战斗巡逻任务。1975年3月1日退出现役。1981年该舰被拖至南卡罗莱纳州帕特里奥茨角，作为美国海军反法西斯作出重大贡献的历史名舰正式展出。它前后的海上生涯31年，饱经沧桑，不愧是一艘"不沉舰"。

美国伯克号导弹驱逐舰

"伯克号"是1988年开始建造，20世纪90年代开始服役的。它的排水量满载时为8500吨，最高航速32节，在20节航速下续航力为4400海里。

有人给"伯克号"归纳了"四个第一"。

第一艘装备"宙斯盾"系统的驱逐舰，它具有搜索、跟踪、处理多批目标和同时引导多种武器进行攻击的能力，对付导弹饱和攻击的能力以及较强的对海、反潜能力。它比美国历史上任何一级驱逐舰都要先进。

第一个采用导弹垂直发射系统的驱逐舰。大家都知道这种发射系统有许多好处，发射速度快，节省舰上的空间，在同样空间内垂直要比横卧发射多装弹25%，而且导弹可以混装，作战时需要什么导弹只要选择按钮一按就行，这一点美国的其他驱逐舰还不具备。

第一个具备核攻击能力的驱逐舰。它发射的"战斧"导弹中就有核弹头的。过去美国的驱逐舰都不具备这种能力，这就使美国又多了一种核攻击舰种，也使驱逐舰成为一种战略武器。全世界驱逐舰中，独此一家。

第一艘采用舰型宽、水线面丰满、水线以上外飘、首部呈V型剖面的舰型，它改变了美国传统的舰型，使舰型变得宽而短，提高了耐波力，它更有利于跟航母编队游弋于世界各大洋之中。

许多军事家认为，有了"伯克"级导弹驱逐舰，美国就能轻松地维持15个航空母舰战斗群和4个战列舰战斗群。因为该舰突出了防空和核攻击能力，有足够能力对付空中两次饱和攻击，大大提高了航母编队的安全性。

美国人对当代海战中水面舰艇暴

露出来的问题格外重视，他们研究了中东战争中以色列驱逐舰被导弹击沉的教训，也研究了英国在马岛战争中"谢菲尔德"驱逐舰被击沉的教训，在设计建造"伯克号"驱逐舰时更加重视提高舰艇的生存能力。许多军事专家说，在"伯克号"的设计上努力改进了四个薄弱环节：

1. 重视舰型隐形性。英国和以色列的驱逐舰，之所以遭导弹攻击，其中一个重要原因是目标暴露，首先被敌人雷达捕捉住。雷达波反射截面越大，被敌方发现的距离就越远，危险性也越大。以色列的驱逐舰，英国的"谢菲尔德号"，都是船型上层建筑直角太多，因此，它们一出现就很快被敌方雷达抓住。针对这一点，"伯克号"的上层建筑尽量不用直角造型，桅杆高度、上层外壁都有一定倾斜度，同时选用了吸波材料。

"伯克号"还采用了最新航行技术，控制噪声辐射，降低敌方声呐的探测率。"伯克号"的螺旋桨采用了通气降噪系统和气幕屏蔽系统。

2. 采用总线结构分布处理式作战系统。并将它移到水线以下的装甲保护舱内。这是吸取了马岛英舰"谢菲尔德"，仅被一枚导弹命中舰桥指挥中心就失去战斗力的教训。"伯克号"不但把通信系统、计算机舱、弹药库移到水线下，而且都采用了"凯夫拉"轻型复合装甲材料进行防护。这样就提高了作战系统的生存能力。

3. "伯克号"首次采用新型封闭式三防区。密封区内跟外界空气不直接流通，以防外界污染空气进入。外部空气进入舱内密封区，都要经过滤器的通道才能进入。这有利于提高三防(防核、生物、化学)能力。

4. "伯克号"的上层建筑采用钢材结构，代替以往的铝合金。这是吸取"谢菲尔德号"被烧毁的教训。这些钢板的耐高温、抗冲击性能比普通钢板的强度高出数倍，这就提高了抗核冲击的能力。

日本金刚级导弹驱逐舰

1993年3月25日，日本最新型的"金刚"级导弹驱逐舰首制舰服役了。虽然服役的仅是一级驱逐舰，但由于它的造舰技术、武器装备及作战能力无一不代表了当代世界的先进水平，从而引起了全世界的关注。

"金刚"级导弹驱逐舰全长161米，舰宽21米，吃水6.2米。标准排水量7250吨，满载排水量9485吨。航速30节；以20节经济航速航行时，续航力6000海里。该舰动力装置由四台燃气轮机组成，分置于两个主机舱内。第1主机舱的两台主机驱动左侧螺旋桨，第2主机舱的两台主机驱动右侧螺旋桨，总功率7.355万千瓦，舰员编制为300人。

"金刚"级舰的外形设计和内部结构设计特别注意了"隐形"与防护性。其水线以上的舰体明显外飘，如水线宽18.6米，舰宽达21米；上层建筑成锥形，这都可以减小雷达波反射面积。其动力装置采用了有效的减振降噪措施，螺旋桨转速也较低，使整舰的声场减弱；可对付声呐的探测。主机排出的烟经降温后排出舰外，有效减小了红外辐射。整舰有较强的三防(防原子、防化学、防生物武器)能力。除驾驶室和飞行控制室外，整舰不设舷窗，舱门为密封式。全部武器均由室内操纵，舰内生活空气经通风机过滤后提供。舰体上层建筑的暴露部分采用镍铬锰合金钢，并采用130毫米"凯夫拉"装甲防护。作战情报中心等重要部位设在主甲板下，且分几处布置，舰内电缆均采用耐火材料。由上述几点不难看出，"金刚"级就是防护能力很强的"隐形"军舰。

"金刚"级导弹驱逐舰的武备和电子装置不仅种类繁多，而且性能先进。舰上装有两座导弹垂直发射装置。舰首的一座分四组，每组八个发射井；舰尾的一座分八组，每组也是八个发射井。载"标准"和"阿斯洛克"导弹90枚。有两座四联装"渔叉"反舰导弹发射装置；一座"奥托"127毫米单管炮，可用于对空；对舰及对岸攻击；两座"密集阵"六管20毫米近程火炮系统，发现目标可自行引导火炮射击。还装有两座三联装324毫米反潜鱼雷发射装置，用于发射MK46反潜鱼雷。舰尾设有直升机平台，可供反潜直升机降落。

主要电子设备有一部相控阵雷达，用于对空中和水面目标进行搜索、跟踪，可初步区分真假目标。对空搜索范围324千米，对海搜索范围83千米。还有一部对海搜索

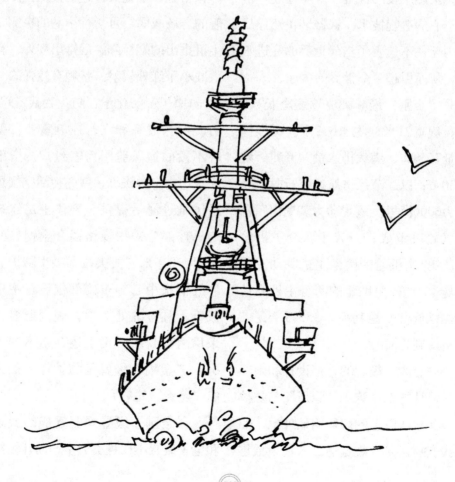

雷达、一部导航雷达、三部MK99射击指挥仪、一部23Ⅱ型射击指挥仪——用于控制舰首的"奥托"炮；两部卫星通信天线和两部卫星通信装置；两部NOID-2型电子战装置，其性能优于美国的SIQ-32(V)；一部敌我识别装置；一部改进的舰首底声呐和一部拖曳基阵监视系统；还有四座干扰箔条发射装置。

"金刚"级导弹驱逐舰的先进不仅在于装备了威力强大的各类武器和性能优异、数量较多的电子设备；更在于它装备了"宙斯盾"系统，把全舰的电子设备结合起来，形成全方位、多层次的有效攻防能力。它的舰载直升机、搜索雷达系统、敌我识别系统、电子战系统、导航系统和声呐系统犹如人的眼睛和耳朵，可搜集空中、水面和水下的各类信息；而以计算机为中心的作战指挥控制系统，好像会思考的大脑，对搜集到的各类信息进行分析、综合，作出判断并形成作战指令输出；而各种舰载武器及射击指挥仪就好像可打人的拳头和脚可对敌目标进行打击。上述三部分的有机结合与优化，加快了各系统的反应时间和处理能力。

"金刚"级驱逐舰可同时对付154个目标，并能优先打击其中威胁最大的12个目标。这种舰载"宙斯盾"系统还可成为舰队指挥，引导其他舰上的武器攻击敌目标。

"宙斯盾"系统使"金刚"级导弹驱逐舰成为对空、对潜、对舰攻击能力都很强的多用途舰艇。对空作战能力是整舰的重点，形成四个由远及近的防围圈。该舰的导弹发射并可垂直发射"标准"舰对空导弹。导弹升空后由相控阵雷达导向目标，"标准"导弹的射程约100千米、重量640千克，飞行速度三倍音速。它构成第一层防卫圈。对突破第一层防卫圈的目标用"奥托"127毫米舰炮进行拦截。"奥托"射程24千米，射高14千米，射速45发/分，备弹600发，构成第二层防卫。对突破第二层防卫圈的目标则用"密集阵"近程火炮系统进行攻击。其拦击距离1500米，射速3000发/分，备弹12000发。最后一道防卫圈是干扰箔条发射装置，对突破上述三个层次的目标实施干扰，使之盲导，以保护舰艇不被击中。

"金刚"级驱逐舰的反潜能力也很强，载有三种反潜武器。"阿斯洛克"反潜导弹也由垂直发射井发射，射程9.2千米，航速一倍音速，弹重454千克。舰上的ＭＫ46反潜鱼雷由三联装鱼雷发射装置发射。该鱼雷航程9.5千米，航速45节，航深450米，采用主、被动声呐自导。其舰载直升机可对水下目标进行探测，也可实施攻击。

"渔叉"反舰导弹是"金刚"级驱逐舰攻击水面舰艇的主要武器。"渔叉"射程110千米，巡航高度15米，航速0.85倍音速。当然，"奥托"炮也可对舰或对岸进行攻击。

日本的"金刚"级导弹驱逐舰共建造四艘。当前，它们是日本海军"八·八"舰队的核心，成为"洋上歼敌"的主力战舰。而在将来，日本海军拥有航空母舰，组成以航母为核心的舰艇编队时，"金刚"级即可作为航母战斗群的主力护航战舰而继续存在和发展。

号称"海上自卫队"而建造作战功能如此强大的攻击型舰艇，这不能不引起人们对日本的警觉。我们还不至于忘记了在近代史上日本曾两次以不宣而战的偷袭方式，歼灭了大清的北洋舰队；基本上歼灭了美国的太平洋舰队。为达目标而不择手段——这就是日本军国主义者在近代史上给人们留下了太深刻的印象。

圣·安东尼奥级
两栖船坞运输舰

　　为了组建两栖戒备大队，美国海军于1993年批准建造12艘"圣·安东尼奥"级两栖船坞运输舰，主要用于运输登陆兵力和装备实施登陆作战。

　　该级舰满载满水量25300吨，舰长208.4米，舰宽31.4米，吃水七米。采用四台中速柴油机，总功率29420千瓦(40000马力)，最大航速21节。该级舰主要特点：

1.用途广、通用性强

　　"圣·安东尼奥"级两栖船坞运输舰设有船坞，主要用于载运登陆艇进行平面登陆作战，它也设有车辆甲板，以搭载登陆车辆，因此可作为船坞登陆舰。在船坞上面有飞行甲板，可搭载大型运输舰载机，又可作为两栖攻击舰进行超地平线登陆作战，该

舰有较好的通用性，可一舰多用。该舰建成后，将取代美国海军20世纪60年代建造的四型23艘两栖战舰艇，即两艘"新港"级坦克登陆舰、五艘"查尔斯顿"级两栖货船，11艘"奥斯汀"级船坞运输舰和五艘"安克雷奇"船坞登陆舰，"圣·安东尼奥"级两栖战舰的功能可见一斑。

2.设计合理、简化、适用

　　"圣·安东尼奥"级两栖船坞运输舰总体设计与结构设计破除传统观念，致力于在不损害性能条件下，简化舰体结构，主要措施是除掉了复杂的曲面平台，加大了平行体长度，舭部采用圆舭，艉鳍为直边无缘，船坞设在舰的后部，上为飞行甲板，其设计大体上与"奥斯汀"级相似，但排

水量增大了近50%，上层建筑比改进型的"惠德贝岛"级的还要大。

3.舰艇防护能力强

"圣·安东尼奥"级两栖船坞运输舰在设计及设施方面都较注意提高舰艇防护能力。

(1)降低舰艇信号特征，进行舰艇隐身设计。舰体外部和上层建筑的外壁都避免采用垂直面，给予倾斜处理，以减少电磁波的反射。外露的舰门、机库门、起重机、海上补给柱、天线基座等都采用雷达反射面积较小的形状，尽量减少舰面设备的反射面。

(2)提高防护能力。加强空气过滤能力，提高对原子、生物化学的防护能力，对舰艇上一切吸、排气系统皆实行空气净化处理。

(3)改善舰艇推进系统，降低舰艇噪音。该级舰采用"阿利·'伯克'"级驱逐舰使用过的

翼形螺旋桨，桨的直径4.9米，具有较小的空泡噪声。舰上一切辅助机械都采用电动式，去掉了传统的辅助锅炉，机械噪音有所降低。

4.增强了舰艇载重能力

"圣·安东尼奥"级两栖船坞运输舰有较强的载重能力。在人员方面，该级舰编制人数可达465人，还可载运700名海军陆战官兵和两艘LACA气垫登陆艇。

"圣·安东尼奥"级两栖船坞运输舰有2360平方米车辆甲板，供搭载各型登陆车辆。另有710立方米货舱用来载运装备物资。该级舰飞行甲板和机库可以容纳一架CH-53大型运输直升机和两架MV-22倾转翼飞机。飞行甲板也可供两架CH-53运输直升机或四架MY-22倾转翼飞机同时使用。

5.先进的动力装置

该级舰是继"惠德贝岛"级船坞登陆舰之后，又一级采用柴油机动力装置的两栖战舰。它采用四台中速大功率柴油机，总功率达29420千瓦(40000马力)。柴油机具有技术成熟、可靠耐用、维修简便、价格较低等优越性，现代两栖战舰艇大部分采用柴油机动力装置。该级舰最大航速可达21节以上，与美国海军现役两栖战舰航速相当，可以参与编队航行。

6.武器系统增强，自卫防御能力提高

美国海军现役两栖战舰艇只配

备传统的、有限的防卫武器，而该级舰则配备与舰队相当的自卫武器，主要有两座MK15"密集阵"近程防御武器系统，一座改进型"海麻雀"导弹垂直发射装置(16单元)，两座RAM近程导弹发射装置，三座单管25毫米炮、四挺单管14.5机枪。此外，还有四座MK-36SRBOC箔条发射装置，用来干扰来袭的导弹，一套反鱼雷诱饵"水精"SLQ-25拖曳式诱饵装置。

7.舰艇作战系统空前强化

"圣·安东尼奥"级两栖船坞运输舰为了满足两栖战的需要，

舰上装载了数量空前的作战信息系统，主要有：

(1)JMCIS联合海上指挥信息系统AN/USQ-11A。该系统是为登陆部队司令员、下属指挥员、舰长以及陆上指挥中心评价战术情况而设置，为一具有指挥、控制、通信、显示等功能的自动化系统，它将接受多种信息源的战术情报，诸如来自军内通信系统、舰内计算机，飞机观测结果、友舰探测的信息以及声频无线通信等信息，进行自动处理。

(2)AADS两栖攻击指示系统

ANJ/KSQ-1。它是一个担负两栖指挥、控制、数据处理功能的系统，对负有主要控制任务和辅助控制任务的舰只提供有关两栖作战机动部队各登陆舟艇的位置和运动信息，以便对行进中的登陆舰艇进行跟踪联络控制。

(3)ACDC改进型作战指示系统-1型。这是用来搜集、处理海战的战术情报数据、指挥海上战斗行动，系从原NTDS海军战术数据系统改进而来的，采用了新的硬件设备，更换了比MDS更高级的计算机程序。

(4)CEC协同作战能力系统。这是一种可向友舰协同作战系统提供综合的战术防御图像信息的系统，以进行任务分配、共同对付战区的空中威胁。

(5)JTIDS联合战术信息系统。它是一种先进的具有强抗干扰能力的多网通信系统，美海军将其主要用于防空战领域。

(6)SSDS自舰防御系统。担负自舰硬杀伤和软杀伤的末端防御指示任务，用来综合处理有关传感器获得的信息，进行统一控制、局部控制和武器的指示控制。

"圣·安东尼奥"级舰装备了如此多的作战信息系统，不仅开创了

两栖战舰装备的新纪录，与其他水面作战舰艇相比，也是有过之而无不及。

该级舰装备如此多的作战信息系统正是适应21世纪这个信息时代两栖战的需要。

8.高水准的居住性设计

"圣·安东尼奥"级两栖船坞运输舰的居住性设计是迄今为止的最高水准。从20世纪70年代起，美国海军开始有女性军人上舰执勤。女性军人承担指挥、信息系统的操作要比男性合适，据悉，21世纪美国海军女性军人将占20%～40%，在舰上将承担各项执勤，因此住舱设计就得满足女性军人的特殊要求，同时也得考虑男、女舰员居住区如何分开的问题。该级舰服役将达40年之久，因此居住性要有超前意识，才能吸引海军官兵上舰服役。

9.降低建造费用

为了既降低造舰成本，又保证舰艇性能，该级舰除主要部件采用标准的军用品外，一些辅助设备均选用市场产品。

"圣·安东尼奥"级两栖船坞运输舰试验研究开始于1988年，1991年财政年度拟订建造计划，1993年完成可行性研究，1994年完成初步设计，1996年签订合同，计划1998年由美国阿玛达尔船厂开工建造，首舰将于2002年交付美国海军使用，计划建造12艘，预计2007年全部建成服役，届时，美国海军现役四型41艘两栖战舰艇将全部退役，美国只保留36艘新的两栖战舰艇现役舰艇，组成12支两栖戒备大队，遂行两栖作战使命。

海洋级直升机两栖攻击舰

英国海军一向重视两栖战舰作用，二战期间，他们与美国联合频频发起数以百计的登陆战，取得了战胜德国的最后胜利。二战后，由于战争原因，英国国力衰减，军费不足，两栖战舰艇的发展受到一定的限制，直到20世纪60年代才着手建造两艘"无畏"级两栖攻击舰，六艘"兰斯洛特爵士"级船坞登陆舰。

1982年，发生了英阿马岛战争，这是二战后首次规模较大的海战，英国海军组成大规模特混编队，远征马岛。当时由于登陆舰艇缺乏，只能派出"无畏"级等两栖战舰艇参加战斗，这场战争，最后以英军马岛登陆战的胜利而告终。

英阿马岛战后，英国海军鉴于在战争中暴露出登陆舰艇严重不足，以及20世纪60年代建造的两栖战舰艇日益老化的情况，于80年代末，决定建造两艘"海洋"级直升机两栖攻击舰，以增强两栖作战的力量。

"海洋"级直升机两栖攻击舰满载排水量20500吨，舰长203米，舰宽36米，吃水7米，采用两台"皮克斯蒂克"16PC2.6V400柴油机、总功率17578千瓦(23900马力)，最大航速20节，续航力8000海里/15节，舰员250人，直升机航空人员206人。

"海洋"级直升机两栖攻击舰具有如下特点：

1.采用商业标准建造

冷战结束后，一些西方国家海军降低军费开支，英国海军也不例外。为了节省造舰经费，英国海军提出采用商业标准建造"海洋"级直升机两栖攻击舰，用非军用标准建造大型作战舰艇在英国尚属首次。为了既保证舰艇质量，又降低造舰费用，对舰上一些作战系统和武器装备及其他与生命力有关的装备仍采用军用标准，对舰体等部分则采用商业标准。这样做有两个好处，一是降低造舰费用，该级舰单价仅为1.7亿英镑；二是有利于开拓国际市场，激发采购国的购舰积极性。

2.强大的两栖作战能力

"海洋"级直升机两栖攻击舰可搭载24架"海王"直升机，其中飞行甲板搭载12架，机库可容纳12架。"海王"直升机除用于在对陆攻击中实行空中掩护外，主要是载运兵力进行垂直登陆作战，每艘舰可投送一个陆战营的兵力。另外，该舰上层建筑两侧各有两个吊艇架，可携带MK5车辆人员登陆艇，每艘艇可搭载20名登陆士兵或四吨登陆装备。可以配合直升机空投，实施抢滩"平面登陆"作战，因此该级舰具有强大的两栖作战能力。

3.武器装备较为简单，仅用于对空自卫

"海洋"级直升机两栖攻击舰武器装备没有舰空导弹，仅装备一些小口径自卫武器，其中包括有四

座双联装"厄利孔"30毫米炮、三座MK15"密集阵"近程武器系统。这些武器仅用于对付来自空中的威胁，此外，还装备一套"水精"反鱼雷诱饵。

该级舰已于1994年开工建造，首舰于1998年建成服役。该级舰主要用于支援登陆作战，不直接参加激烈的海上战斗，在登陆作战时，可停泊在较远的海区，虽然该级舰武器装备较简单，仍能较好的远行支援登陆作战的任务。